负面情绪，正面解决

如何让情绪保持平和与稳定

[美] 利斯 · 范 · 萨斯特伦
（Lise Van Susteren）
[美] 斯泰茜 · 科利诺
（Stacey Colino）著
柴丹 译

Emotional Inflammation

Discover Your Triggers and
Reclaim Your Equilibrium During Anxious Times

中信出版集团 | 北京

图书在版编目（CIP）数据

负面情绪，正面解决：如何让情绪保持平和与稳定 / (美) 利斯 · 范 · 萨斯特伦, (美) 斯泰茜 · 科利诺著；柴丹译. -- 北京：中信出版社, 2021.5（2022.3重印）

书名原文: Emotional Inflammation: Discover Your Triggers and Reclaim Your Equilibrium During Anxious Times

ISBN 978-7-5217-2865-1

Ⅰ. ①负… Ⅱ. ①利… ②斯… ③柴… Ⅲ. ①情绪–自我控制–通俗读物 Ⅳ. ①B842.6-49

中国版本图书馆CIP数据核字(2021)第044331号

负面情绪，正面解决——如何让情绪保持平和与稳定

著　　者：［美］利斯 · 范 · 萨斯特伦　［美］斯泰茜 · 科利诺
译　　者：柴丹
出版发行：中信出版集团股份有限公司
（北京市朝阳区惠新东街甲4号富盛大厦2座　邮编　100029）
承 印 者：天津丰富彩艺印刷有限公司

开　　本：880mm × 1230mm　1/32　　印　张：7.5　　字　数：158千字
版　　次：2021年5月第1版　　印　次：2022年3月第2次印刷
京权图字：01–2020–3575
书　　号：ISBN 978–7–5217–2865–1
定　　价：56.00元

服务热线：400–600–8099
投稿邮箱：author@citicpub.com

目录

Part 02 恢复计划：
冷静下来之后的科学与对策

第八章 遵循身体的需求

第九章 重拾大自然的恩赐

第十章 锻炼你的力量

第十一章 制订你的个人恢复计划

导语　高度戒备的生活状态

请你在常规生活中按下暂停键，问问自己：在大部分时间里，是否对未来感到异常紧张，有种近乎焦虑的感觉？是否觉得一直在被负面的、令人惊恐的消息或他人变幻无常的情绪狂轰滥炸？当听闻最近发生的自然灾害、人权危机或政治危机事件时，情绪是否在几分钟或几小时内出现剧烈波动，从悲伤到恐惧，再到愤怒或绝望？只要对以上任何一个问题做出肯定回答，你就与一般人没什么不同。

越来越多的成年人被一种他们无从命名的状态困扰。这种状态可能具有以下特征：焦虑、对未来感到不安、循环往复的负面思维、睡眠障碍。他们丧失了以往无忧无虑轻松愉快的精神面貌。这就是我所说的“情绪炎症”。当我观察周围，听到我的病人、同事和朋友的想法，甚至反观自己的生活体验，我觉得，我们似乎都患上了“情绪炎症”这种流行病。生活向前延展，许多人对外展示的是幸福的面孔，然而，与此同时，我们内心的幸福感正在严重动摇。有些人出现了类似创伤后应激障碍（PTSD）的症状，包括焦虑、心烦、侵入性思维、过度反应、过度警惕、悲伤、失眠和噩梦。这些症状并非源于单个或一系列创伤性事件，而是源于在当今世界生存的感受以及对未来不确定性的焦虑。

说这些的目的不是为了让你感到更加沮丧或失望，而是为了验证你的感觉，让你知道许多人像你一样焦虑不安。当人们听说情绪炎症的概念及其症状时，往往因此获得新的认知，发现自己确实如此，从而产生恍然大悟之感。他们会觉得，自己被理解了，不那么孤独了。知道自己一直以来的感受有一个名字，可以缓解人们的不安。而且，意识到痛苦情绪往往来自外部世界的混乱，而非自我内在的问题，应该会让你松一口气。这并不是说，你只能接受目前的情绪状态，把它看作新的常态，相反，你可以有意识地采取措施改善现状，引导自己走向更稳定的情绪状态。

第一步是认识情绪炎症。我们许多人为国家和全球的政治局势、地球的安危乃至人类的生存状况深感忧虑。最近自然界出现了飓风、地震、野火、泥石流、灼热等气象灾害，人们开始怀疑，大自然母亲的耐心是否已经耗尽。对没有人能够真正掌控政府的恐惧让我们深感脆弱。无情的大规模枪击事件、不断上升的仇恨犯罪、核导弹试验、一连串性虐待、渎职丑闻以及日益退化枯竭的自然界威胁到人类健康和福祉的新闻，都让人们感到震撼。

在这种大环境下，美国抑郁症患病率自2005年以来急剧上升便不足为怪了，其中青少年和年轻人的患病率增速最快。据世界卫生组织报告，抑郁症和焦虑症在世界范围内的流行程度超出预期，已经达到空前水平。如今，北美和南美的女性出现抑郁症状的比率尤其高；美国人患焦虑症的比率比世界其他任何地方都要高。自2000年以来，美国抗抑郁药物的使用量几乎翻了一番，目前有900万人日常服用处方安眠药。

阿片类药物的滥用也急剧增加。自1999年以来，美国妇女因阿片类药物服用过量导致死亡的人数增加了5倍。仅2017年一年，美国就有超过47000人死于阿片类药物过量。这个数字比9·11后在伊拉克和阿富汗战争中美军阵亡人数总和的6倍还要多。虽然导致阿片类药物危机的一些因素非常明显——医生处方超量、制药公司和经销商不道德和非法的商业运作，但还有其他一些问题亟须回答，其中就包括：为什么这么多人如此迫切地想要服用阿片类药物？

有一个答案是显而易见的：人们在情感上受到了伤害。

我们周围的威胁和忧虑变得如此普遍，事实上，已经超出了人们的承受范围。我们的文化最近创造了许多新术语，用来描述疲劳或耗竭感，包括愤怒疲劳、疏离疲劳、丑闻疲劳、同情疲劳、种族斗争疲劳、末日疲劳和生态焦虑。最近，澳大利亚哲学家格伦·阿尔布雷克特创造了一个术语——乡痛（solastalgia），用来形容人们看到宝贵的土地因工业活动或极端天气灾害而永久受损时感受到的痛苦，这个词已经被纳入文化词汇，特别是在心理健康领域和环境保护活动领域。正念冥想导师兼自然导师马克·科尔曼在2019年的《正念》杂志上写道："过去，大自然一直是营养、快乐、惊奇和爱的无尽源泉。现在，它往往带着悲伤、哀愁或丧失的意味。"这与我们在大自然中不断变化的体验相吻合，与栖息地、物种多样性和水体正在遭到的破坏有关。

许多此类新名词都反映了人们深深的无助、绝望、愤世、冷漠、烦躁的感受，或者说所有这些情绪的混合。这些恐惧和忧虑层层叠加于我们需要应对的日常挑战之上：我们必须完成高要求的工作却可能得不到相应的回报，负担高成本的现代生活，在一个困难和诱惑越来越多的世界抚养孩子，等等。

如果你认为自己没有情绪炎症，可能是因为你对自己的感受不够关注。作为华盛顿特区的一名精神科医师，我越来越多地在我的病人、朋友、气候活动家、政界人士、媒体工作者乃至我自己的生活中，观察到情绪过度反应造成的神经衰弱状态。在接待年轻患者的过程中，我发现焦虑和抑郁症患者正在增加——现在有更多青少年服用阿片类药物，许多大学生到学生健康中心求助。他们来看医生时抱怨的可能是考试或社会压力造成的情绪压力，但这些问题的背后其实是生活中到处充斥着这个世界行将崩溃的新闻。除了定期观察和治疗这些形式多变的心理和情绪困扰，我还经常在电视、广播、纸媒体和其他场合担任焦虑和创伤问题的评论员。与我合著本书的斯泰茜·科利诺是一位获奖作家，专攻健康和心理学领域。我们将两个人的专业知识、观点和经验结合在一起，发挥各自所长，满怀信心地认为，“三个臭皮匠，顶个诸葛亮”那句格言绝对正确。

现在，越来越多的人在问：如何应对心理混乱？怎样才能重获安全感和稳定感？如何更恰当地面对情绪诱因？这些问题反映了社会在重压之下不断上升的情绪代价——焦虑、恐惧、恼火、愤怒和悲伤。但我们并非对此束手无策。当我们能给这些情绪命名，能更好地理解它们时，情绪强大的负面力量将会自然消散——虽然不是全部，但这就是我们写作本书的动机。

许多引发情绪炎症的问题，例如政客们贩卖恐慌、彼此不和，领导人善变无常、侵犯人权，自然灾害以及滥用化学物质危害健康的突发新闻，似乎在很大程度上都不受个人控制。然而，通过分析这些情绪诱因，我们可以更好地理解自身的反应，培养批判性思维技巧和正确对待情绪的能力，避免自己任其摆布。我们可以通过创造与身心内在需求同步的生活方式和节奏，让自己适量接受适当类型的刺激，领悟身心健康受特定生活方式影响的方式和原因，汲取大自然巨大的治愈能量，来平息情绪的过度反应。

让我澄清一下，我们的目标不是让你停止感受或表达情绪。感受和表达情绪使我们成为有感情的人类，让我们的情感细腻、丰富。

它们带来有价值的信息，有助于我们了解自己做出的选择、我们的生活方式乃至有益自身健康的信息，并且可以改善周遭这个麻烦不断的世界。压抑这些信息不符合我们的最大利益，最好能充分利用它们，以灵活的方式将其转化为行动的动力。

这么说吧，这本书的作用是让我们打开引擎盖，看看内在发生了什么，这样我们就可以确定需要做哪些调整，好让引擎（我们的心理状态）更顺利地运转。在第一部分“反应过度的时代”，你将了解使我们感到恐惧、无力、沮丧的各种力量，以及情绪炎症导致的生理、心理、社会和精神连锁反应。你将识别最经常影响你的情绪炎症的形式。第二部分为“恢复计划”，它将帮助你了解如何恢复内在平衡，以建设性的方式释放一直以来的痛苦情绪。你将看到，消除情绪炎症的理论基础植根于心理学、神经科学和进化生物学，目的是为了让你的感受方式和情绪运作方式得到深入、可持续的改善。本书旨在帮助你培养决心、勇气和智慧，让你的生活充满活力、专注和喜悦。

这对你来说是一个校准或调整生活方向的绝佳时机，通过努力改善自己和周围世界的生存状态，将与你一直缠斗的痛苦情绪转化为稳定的平静。你不必感到脆弱和困惑，而应将你的能量投入到正面的解决方案中，在这个过程中找到志同道合的伙伴，改变那些加剧忧虑的状况。力量就在你的手中和心中——让我们来告诉你如何有效地运用这种力量。

Part 01

反应过度的时代

第一章 情绪炎症：为你的感受命名

内心承受着难言之隐，比什么都痛苦。

佐拉·尼尔·赫斯顿，《道路上尘土飞扬》作者

《精神障碍诊断与统计手册（第五版）》是精神障碍分类的标准指南，你在其中找不到“情绪炎症”这个术语，然而，情绪炎症确实正困扰着数百万男男女女，他们正生活在嘈杂、混乱、难以理解、争议不断的世界中。情绪炎症的症状包括强烈的预期性焦虑、莫名恐惧、持续的高度警觉状态或是不断加剧的反应过度、烦躁、过度兴奋。还有一些人产生了创伤后应激障碍的症状，或者“创伤前”应激障碍（我创造的术语）的症状。

研究表明，即将进入战斗状态的士兵经常会反复出现与创伤有关的不安想法、意象或梦境，或是在想到未来可能发生创伤时产生

强烈的生理反应，对此我们不会感到奇怪。当得知那些奋战在阻止侵犯人权、种族歧视、应对气候危机的一线工作者也会出现类似症状时，也许我们同样不会感到奇怪。可是，普通市民也会出现这样的症状。当前的、预期的以及担心发生的危机和灾难引发了这些症状，越来越多的人去找医生开药以控制症状，或是帮助他们集中注意力、改善睡眠。

总的来说，我们正在寻找方法驱逐这种广泛流行的糟糕透顶的感觉。对比较幸运的人来说，与世界末日有关的信息来自新闻提要。然而，在另一条消息接踵而至之前，我们往往尚未摆脱上一条消息带来的忧虑。对另一些人来说，这些危机不仅存在于新闻中，而且是影响生活的真实问题：气候问题、不当性行为、种族歧视和其他形式的社会不公。在我们当前所处的世界，荒诞是新的常态，人们对意外习以为常。令人不安的政治、环境和社会事件就像电影《四眼天鸡》（*Chicken Little*）中“天要塌下来了！”的疯狂警告的隐喻版本，在许多人的脑海中循环播放。

随着公众对领导人信心的下降，我们对社会机构的不信任正在加剧。收入差距持续扩大，中产阶级作为长期以来的经济体系支柱，其经济活力正在丧失。人们感到愤怒和悲伤。与此同时，大规模枪击事件、仇恨犯罪、移民虐待、核导弹试验、性丑闻接连发生，使用有毒化学品和污染物造成的环境污染不断蔓延。随着这个星球被日益频繁的气候危机困扰，人们开始质疑人类的未来。无怪乎数以百万计的人对世界局势乃至人类的未来感到恐惧。人们想知道这到底是怎么了！怎样才能摆脱不祥的预感和无力感？怎样才能保护自己和所爱的人？

使问题更加复杂的是，我们已经偏离了人类进化过程中赖以生存的自然环境。我们体内的生物钟（昼夜节律）已经偏离了轨道。科技偷走了我们的心，俘获了我们的想象力。我们对待养育过人类的自然界，就像对待一个被甩掉的前任。当我们越与自然脱节，忽视与自然和谐相处的疗愈作用，我们的身体和情感能量越可能会被耗尽，或是持续处在高度戒备状态，时刻准备着在危险来临时战斗或逃跑。同时，这种永远存在于我们脑海之中的焦虑，就像黑暗而危险的深潭，变成了每一种新生的忧虑和恐惧的倾泻之地。

举个例子。42 岁的劳伦是一名事业有成的决策者，表面看来，她的生活体面光鲜。当她来找我的时候，她的事业蒸蒸日上，薪资待遇极高。无论是在工作领域还是在华盛顿的社交圈里，她都是热门人物，但在内心深处，聪明、高成就、富有魅力的劳伦却处于崩溃的边缘。她与不稳定的情绪做斗争，波动剧烈的情绪影响了她的工作状态。她接收到许多令人不安的新闻，因而内心一直处于紧张状态。她有一种情感模式，总是选择与自己情感疏离的人做男友，同时内心的空虚和愤怒会不断爆发，随后又会感到后悔。由于无法安慰自己，劳伦经常暴饮暴食，更糟的是，她会吸上一点儿可卡因来逃避痛苦。一个周末，她暴饮暴食，感到极度痛苦。她觉得自己受够了这一切，希望停止破坏性的行为模式，于是前来寻求帮助。

在与劳伦的访谈中，我们发现工作对她的要求和她接收到的各种糟糕消息（关于政治混乱、侵犯人权、灾难，以及气候危机造成的持续威胁）让她感觉整个世界都要崩溃了。更重要的是，这让她觉得自己失去了掌控感，而她对自身成长过程中混乱氛围的记忆进一步强化了这种感觉。我们通过定期治疗让她看清现实，同时使用药物缓解症状，劳伦得以控制自己的情绪，并做出一些改变，从而满足她对稳定和真实的渴望。

我们其他人呢？我们别无选择，我们生活在一个焦虑的时代。“总的来说，当今世界比从前更令人紧张、忧虑、悲伤和痛苦。”这是盖洛普《2018 年全球情绪调查报告》得出的结论，这一报告基于对全球 146 个国家的 15.4 万名成年人的调查结果。《2019 年全球情绪调查报告》并没有得出更好的结论。世界各地已经处于历史高位的忧虑和悲伤情绪进一步攀升，愤怒情绪进一步加剧。同时，《2018 年福特趋势报告》的进一步调查表明，70% 的美国成年人报告说他们对当今世界的苦难感到不堪重负，在世界范围内 50% 的成年人报告说，每天看新闻让他们很有压力。

充满忧虑的世界：全球的情绪诱因

令不同国家的公民感到忧虑或压力的问题各不相同，这点不足为奇。然而，在世界范围内，相当一部分人对其所在国家的发展方向感到不安，认为现有的方向是错误的。最近有一项针对 25 个国家的公民进行的调查显示，失业是人们最关切的问题，然后是金融/政治腐败，贫穷和社会不平等。在墨西哥，个人安全是压力的主要来源。在阿富汗和也门，战争和人道主义危机位居榜首。在英国，压力的主要来源是财务问题、工作和健康问题。而在澳大利亚，生活成本上升是首要问题。虽然情绪诱因可能略有不同，但有一点是清楚的：在全球范围内，人们在众多方面感受到了痛苦。

自杀、酒精和毒品引发的死亡人数正在上升。根据美国疾病预防控制中心的数据，1999—2016 年，美国的自杀率上升了 25% 以上，54% 的自杀身亡者并没有被诊断出患有精神疾病。受影响的不仅仅是成年人。1999—2014 年，10~19 岁的儿童和青少年的自杀率上升了 33%。最新的数据表明，从 2019 年开始，儿童和青少年自杀的性别差距正在缩小，因为女童和少女的自杀人数比以往增加，其中

10~14 岁少女的自杀上升率最高。

2013—2018 年，美国确诊患有严重抑郁症的人数上升了 33%，其中年轻成人（上升了 47%）和青少年（男孩上升了 47%，女孩上升了 65%）的上升率更高。根据美国疾病预防控制中心《青少年风险行为调查》的数据，2007—2017 年，在过去一年中经历过持续性的悲伤感或绝望感的高中生比例显著上升。（请注意，本次调查中的“持续性”被定义为至少持续两周，其间几乎每天都出现此类感受，其严重程度使学生终止某些经常参加的活动。）近 1/3 的受访学生在 2017 年经历过这种持续性的绝望感！

身体、思想和精神的影响

面对这些统计数据，谁还会怀疑我们正在经历一场日益严重的情绪炎症呢？情绪炎症可能以各种方式对你的身体、思想和精神造成损害。一方面，生活在持续的高焦虑状态下会导致你的身体长期处于“战斗或逃跑反应”状态：你的交感神经系统一直处于兴奋状态，释放大量的压力激素皮质醇和肾上腺素。这两种激素都会使你的心率变快、呼吸加速、血压升高，使你的心血管系统、免疫系统、内分泌系统和神经系统处于紧张状态。这些变化会增强你的疼痛反应，而且生育功能也会受到影响。总之，这些生理挑战会导致非稳态负荷——一种因长期或反复处于压力激素水平过高的状态，从而导致大脑和身体发生的应激性损耗，这种效应将加速衰老过程。

不幸的是，这还不是全部。不安全感、过度警觉、反应过度和对未来的恐惧会导致睡眠问题和行为改变（饮食问题、饮酒或吸烟）。这些问题会导致无助、失望、无来由的愤怒和绝望。它们会干扰注意力，降低学习和记忆新信息的能力，从而使你的认知能力无法保持最佳状态。预期焦虑会干扰大脑正常的神经过程，从而“劫持”你重要的同时也是脆弱的决策能力，降低应对风险和恐惧的脑区和执行奖赏的脑区的活跃水平。这些变化会通过改变你对潜在的积极结果和消极结果的评价，让你更关注消极的可能性，从而改变你的决策风格。此外，当我们感到自己失去了根基或稳定感时，我们会感到空虚缥缈，感到与自我或他人疏离。所有这些感受都可能导致某种类似精神危机的心理状态。

无论从哪个角度看，普遍流行的焦虑都是一种病态。它不仅剥夺了我们的幸福感，降低了我们的生活质量，而且剥夺了我们的行动能力。有些人试图摆脱这些不适感，他们逃避自己的感受，分散注意力，有意识或无意识地强迫自己加快速度，用更多的活动或刺激填充生活；一些人干脆放弃努力；还有一些人长期紧张易怒。

尽管这些感觉很不舒服，但我们必须认识到它们的重要性。这些负面感受使人类这一物种得以进化和生存，适应环境，变得足智多谋，创造性地解决问题。这些感受使人类发展出同情能力，这是移情和利他主义的基础。我们的感受也驱动着我们的价值观。深入的关切是件好事，是力量和方向之源；然而，当它失去控制，深入感受的能力可能让你情绪失控，受到刺激。好的一面是，这些情绪中蕴含着巨大的能量，我们每个人都应该学会驾驭和引导这些能量，用这些能量创造更有意义的改变。一旦能理解并审视自己的感受，你就成长了：你会变得更有韧性，甚至更勇敢；你能解决生活中的盲点（你从前看不到的东西）；你能改进与他人互动的方式。试着把现状看作一个机会，而不只是一场危机。

人类具有从困境中复原、成长并从自身经历中学习的强大能力。在我的研究领域里，“创伤后成长”（post-traumatic growth）是一个有争议的概念。然而，在经历了严重的疾病或创伤、亲人的死亡、自然灾害或其他形式的逆境之后，有人确实会在心理、情感或社会性等方面发生积极的改变。在一项对 3157 名美国退伍军人的研究中，在经历过最严重的创伤事件的军人中，有 50% 的人经历了中度以上的创伤后成长；在先前筛查为患有创伤后应激障碍的退伍军人中，有 72% 的人经历了某种程度的创伤后成长。

充满希望的世界

2018 年年末，媒体平台 Vice 采访了世界各地 105 位有影响力的思想家，询问他们未来最大的希望是什么。受访者可以随意以自己喜欢的方式回答这个问题。在所有回答中，排在榜首的是年轻人和青年运动。年轻人正在重塑行动主义，寻找新的方法来应对日益严重的威胁（如气候变化）和长期存在的社会不公。接下来这些有影响力的思想家还提及技术和科学创新（包括机器人技术和医学突破，如基因组编辑和癌症免疫疗法）、公平和社会正义的进步（如“Me Too”运动，羞耻感从受害者向施暴者转移）、音乐、创造性想象力、人类的聪明才智、人类的善良和同情心等等。换言之，即使身处这个困难重重的时代，也有很多值得期待和鼓舞人心的希望。

正如科罗拉多大学博尔德分校计算机科学、创新技术、信息科学和航空航天工程学科的助理教授丹尼尔·萨菲尔博士所说：“我们人类物种成功的秘诀是，我们在逆境中具有难以置信的韧性和创造力，能够以前辈的知识和成就为基础发展自身，并且有一种独特的毕生自我完善的能力。如果你正在读这段话，那么，生活在这个时代的你真是幸运极了。”

我们面临的混乱和危机

许多人都在担心今天或明天可能发生的危机或灾难，这种恐惧不但浮现于头脑，而且深藏于内心。一项又一项的调查显示，近年来，人们的压力、忧虑和愤怒反应加剧。2017年，美国精神病协会对美国1019名成年人的调查显示，近2/3的受访者表示他们“极度”或“有些”担心自己和亲人的安全和健康，超过一半的受访者对财务状况或政治状况对自己日常生活的影响“极度”或“有些”担忧。2018年，美国精神病协会重复了这项调查，39%的受访者表示他们比前一年更焦虑，尤其担心自己的安全、健康、财务、人际关系和政治对日常生活的影响。

人类情绪炎症集体病例的情绪诱因等级通常与当下的新闻事件相呼应。这种感觉就像生活在一间装着镜子的恐怖大厅里，一则则令人不安的、有时扭曲的新闻突然向我们袭来，假新闻已成为根深蒂固的文化现象。更糟糕的是，还有完全虚假的视频，其扭曲程度或误导性更甚。这两种传播源都助长了阴谋论，滋生了人与人之间的不信任，让我们越发觉得真相无从得知。这是一个“道德眩晕”的时代，每天都有曾经的英雄、偶像和榜样形象陨落。在娱乐、政治、媒体、艺术和其他有影响力的领域，那些曾经受人敬仰的大人物因性骚扰、性行为不端或性侵犯受到指控，名誉尽失。当我们得知某些特权阶层可以通过花钱或行贿让他们的孩子进入著名院校，又增加了一层集体愤怒。有时候，我们觉得这个世界的道德水准一落千丈，与此同时，压力却在急剧上升，使我们难堪重负。

52岁的亚历山德拉是纽约市的一名作家，她一直有些焦虑。然而，直到有了孩子，她的焦虑才从内心深处浮现到表面。2010年，她艰难地离婚了。当她意识到自己在那段婚姻中受到了心理虐待，她的焦虑再一次加剧了。2015 年，当她支持双胞胎孩子（出生时为女性）中的一名进行变性手术时，她的焦虑水平再次上升。接着，在 2016 年总统选举期间，她的焦虑到达了顶峰。亚历山德拉在 14 岁时曾遭到性侵犯，她说："看到女性在生活中各方面的待遇，又看到新闻里添油加醋的刻薄谩骂，我受到了毁灭性的打击。公众对女性的残忍态度唤醒了我经历过的一切创伤。"她不仅持续感到紧张，而且变得高度警惕。"我觉得，如果把视线从眼前关注的事情上移开 5 秒钟，就会发生更糟糕的事情。"她回忆说。

她开始觉得自己的大脑出了问题，她会产生荒谬的念头，或者忘记自己想要表达的观点。她真的害怕起来："这把我吓坏了。我越害怕，就越焦虑，感觉就越糟糕。"2017 年，她被诊断患有创伤后应激障碍，这是由巨大的个人压力及当前的政治社会环境共同造成的。除了接受治疗、增加抗抑郁药物的剂量，现在她还随身携带劳拉西泮片（一种抗焦虑的药物），在感到自己即将恐慌发作时服用。

导致情绪炎症的许多问题是我们无法控制的。2019 年的一项盖洛普民意调查对美国 1039 名成年人进行随机抽样调查，发现他们最担心的十大问题如下：

1. 医保资源和成本

2. 联邦政府支出与预算赤字
3. 饥饿和流离失所
4. 吸毒
5. 犯罪和暴力
6. 环境状况
7. 民众收入和财富分配方式
8. 枪支问题
9. 社会保障制度
10. 种族关系

《今日美国》2018 年 3 月的一次民调结果显示，13 岁至 24 岁的年轻人最担心的是学校和其他环境中的枪支暴力，其中 18 岁以下年轻人中有 53% 说这是他们最担心的事情。上述问题有几项和你有关？

潜在的威胁和忧虑来自各方各面，而且它们往往同时存在，对许多人来说，我们生活的这个世界就像一间地基不稳、屋顶破烂的房子。尽管威胁不断增加，其中一些威胁的紧迫性简直以小时计，但那些身居高位、有责任保护公众免受这些威胁影响的政客们却忙于互相争吵，寻求自己的（政治）未来。那些本该照料这座房子的人行为不端，面对自己和他人造成的混乱局面，推卸清理房间的责任。难怪我们没有安全感。

美国心理协会2017年发布的《美国压力报告》表明，美国大多数成年人认为，他们正生活在美国历史上的最低点，美国的未来是一个重要的压力来源，主要是因为当前糟糕的政治氛围，国家正在经历的社会分裂以及对医疗和经济安全的担忧。在2018年对美国成年人的一项调查中，耶鲁大学气候变化交流项目的研究者发现，69%的受访者对全球变暖“有些担心”，29%的受访者“非常担心”——这是自2008年此项调查启动以来的最高水平。

充满忧虑的世界

科学家、政治学家、未来主义者、律师、心理学家、安全专家、企业家、商界领袖和其他专家各有忧虑。2018年媒体平台Vice访问了来自世界各地105位有影响力的思想家（见上文《充满希望的世界》）：对于未来，他们最担忧的是什么？他们仍然可以按照自己喜欢的方式回答，没有引导或限制。排在前列的问题依次为数字技术、自动化和人工智能，特别是偏向算法（biased algorithms）的使用，由于缺乏透明度和责任感，具有操纵民众的能力，可能会造成失业；此外还有气候和环境变化，包括生物多样性缺失和生态系统被破坏、生态退化、人类流离失所和大规模迁徙的可能性以及对社会和人类未来的其他影响。这还不是全部。一些德高望重的思想家还对以下问题表示忧虑：法西斯主义在全球范围的重新抬头，全球核冲突的潜在可能性，人类的冷漠，校园枪击问题，日益扩大的社会和经济差距及不平等，蔑视人权，公众的恶意和欺凌，与偏见的持续斗争，社会科学素养不足，人与自然、他人之间丧失联系，世界人口过剩。这一长串忧虑清单，简直令人精疲力竭！

一场无孔不入的影响力风暴正推动着情绪炎症的流行。各种各样的恐惧和焦虑以极高的频率出现在媒体上，或是出现在我们直接接触的社交和专业圈子里，难怪有那么多人感到“我不敢看了！”。这像不像我们小时候看恐怖电影的心情？

---

61 岁的科学政策分析师丽贝卡职业生涯的大部分时间都在致力于研究气候和环境问题。随着时间的推移，她已经学会了如何处理自己对气候变化的焦虑，因此在大多数情况下，这个问题被她置于幕后。她说：“这有点儿像你的一位家人正慢慢死于癌症，过了一段时间，你接受了现实，然后继续生活。”如今，真正引发她的情绪炎症，让她感到愤怒、沮丧和泄气的是一些新闻报道，尤其是她有一个 20 多岁的儿子。高层民选官员公然不顾未来，这将会留给后代什么样的环境遗产？她说：“这艘船的掌舵人非常糟糕，这将是一个卑鄙、丑陋的世界，因为人类给自己制造了成倍的压力：气候不稳定、水污染、食物短缺和传染疾病。”

气候变化对我们所有人来说都是一种生存威胁，但对将会处在风暴中心的年轻人来说更具威胁性，尤其是当情况更加严重，危害性不断累积起来，毁灭的必然性更加明显时。许多年轻人很清楚自己面临的危险。一些人表示，出于对地球未来气候紊乱的预期，他们不愿意生孩子，更重要的原因是，他们不愿让地球上再增加一个人，继而增加碳排放量。在他们这个年纪，本不该说这样的话，甚至不该去考虑这些问题。然而，这就是年轻人的现状。

焦虑的蔓延

忧虑占据了我们宝贵的思想“不动产”，这会导致我们关注周围的威胁，或是反复思虑如果担心的事情真的发生了，我们应该怎么办。“对许多人来说，焦虑是一个不请自来的长期客人……”《今日医学新闻》2018 年 9 月的一篇文章指出，“它就像一场非接触传染的认知瘟疫，在社会中肆虐，形成一阵隐藏在集体意识角落里的低沉噪声。”

这一描述听起来很真实，只是我认为，焦虑和普通情绪一样，具有极强的传染性。简单说，情绪可以在几毫秒内从一个人传染给另一个人，通常被传染者并未察觉。

在任何交谈或会面活动中，人类会无意识地倾向于模仿和同步化对方的面部表情、肢体语言、语音节奏和语调，以配合对方。这时，你面部和身体的肌肉纤维会在微妙的水平上被激活。这些不易察觉的肌肉运动通过诱导相应的神经元发射信号，从而触发你大脑中的真实感觉，此时不需要外部影响，情绪就会由内部产生。

这些特殊的脑细胞被称为“镜像神经元”，它们之所以如此神奇，是因为它们既可以被自身的感受和欲望激活，也可以被别人的行为激活。也就是说，当你做出某种表情或动作，如微笑、皱眉或是握紧拳头，它们就会被激活；当你看到另一个人在做同样的表情或动作时，它们也会被激活。任何年龄段的人都是如此。

有些人特别容易受到他人情绪的影响。在一项研究中，研究者向一些对感官信息敏感的人（对他人情绪和环境暗示有更高的感知力和反应性）展示了他们的伴侣或陌生人的彩色数码照片，照片上是积极或消极的面部表情。研究人员利用功能性磁共振成像监测参与者的神经反应，结果发现，与不太敏感的人相比，高度敏感的人在看到照片后，大脑中涉及注意力、行动计划、感官信息整合和移情的区域活跃程度更高。

不管是在家里、工作中还是其他场合，这种原始的情感交流——其实就是“有样学样”——都具有高度的适应性。毕竟，它能让你感觉到危险、威胁、兴奋以及周围人的感受。这种隐性知识让你可以采取适当的行动保护自己，让你感受到热情的欢迎，表现出同情心，或向家人、朋友、同事提供帮助。毫无疑问，在这个混乱的世界里，同情心是一种宝贵的品质。

当然，情绪的传染效应可能会过度，特别是当你周围的人负面情绪非常严重时，如焦虑、恐惧、绝望等。在这种情况下，你可能需要暂时离开你的同伴，以拯救自己的情绪（哪怕只是去打个电话或去趟洗手间），或是把谈话转移到一个稍微轻松些的话题上，也可以使用视觉化技术（比如想象自己被一个透明的盾牌保护），这样你就不会吸收或“捕捉”到他人的情绪了。

可控的因素

被动接收当今世界的一切坏消息，让我们深感痛苦。但我们应该认识到，我们对引发情绪炎症的因素有一定的控制力，而且某些问题还是我们自己制造的。总的来说，人类确实在污染自己的巢穴（地球），越来越多的化学物质、毒素、金属和其他污染物污染了空气、水源和土地。随着温室气体排放量不断增加，人类在地球上的碳排放量已经到了很危险的程度。好消息是，既然人类是问题的制造者，也就有能力纠正这些问题。更多的人应该尽自己的一份力量，以改善人类的处境。

同时，对于导致自身情绪炎症的因素，我们可以采取直接的、个人化的方法进行控制。许多人的生活方式与体内的生物钟（最重要的昼夜节律）不同步，但很多人还没有意识到这一点。当身体期望在黑暗中获得休息和恢复时，我们对体内重要的“计时员”毫不在乎，让身体曝露在明亮的室内光线中。我们在科技设备上花费大量时间，以至于没有时间休息和沉思。我们越来越多地违背身体的本能，滥用身体功能，身体因此遭受着非自然的磨损，其中就包括慢性社交时差综合征：基于身体内部生物钟的生理需要和基于工作、家庭生活及其他生活需求之间存在冲突，从而产生的症状。社交时差不仅仅是一种烦恼或不便，还会损害你的情绪平衡和认知功能。

我们越来越依赖技术，是基于这样一种假设：技术使生活更加便利，使我们更有效率（当然，事实通常如此）。但这是有代价的。研究表明，使用技术手段同时处理多项任务，与一次完成一项任务相比，会降低效率和完成质量。当我们试图同时完成大量琐碎活动时，会增加不堪重负的感觉。美国压力研究所研究员兼咨询委员会成员海蒂·汉娜博士指出：“早上醒来时，如果我们感觉自己没有足够的时间来完成所有的任务，大脑就会转入一种慢性压力状态，这种压力会劫持我们的精力和注意力。”技术也可能造成长期的注意力分散，那些嘟嘟声、振动声或是闪烁的通知会把我们的注意力从正在做的事情转移到手机或电脑上。

当我们依赖的数字设备停止正常工作时会发生什么？我们通常会茫然不知所措，甚至会感到恐慌，不知如何反应或行动。想想看：

如果你的笔记本电脑系统崩溃了，而且你最近没有备份文件，那么几周的工作就可能会白费。如果网断了，你无法发送电子邮件或重要文件，就可能很难继续与同事沟通或推进工作。如果手机死机，无法使用导航设备，你怎样到达预定目的地？你如何求助，向谁求助？你还记得重要的电话号码吗？如果你记得，就能找到帮忙的人，让另一台手机为你导航。技术带来的这些压力会使我们的健康受到潜在的损害。

近年来，社交媒体的应用呈指数级增长，这对我们保持情绪平和没有任何好处。通过脸书、色拉布（Snapchat）、照片墙（Instagram）和推特（Twitter）与人保持联系，不足以代替面对面的交流。研究发现，年龄在 19 岁到 32 岁之间的成年人，使用社交媒体最多的人比起使用社交媒体最少的人，前者感受到社交孤独的可能性是后者的两倍。这可能是因为花太多时间使用数字设备的人很少有机会与人交流。另外，看到其他人在现实生活中的活动（也可能是摆拍出来的），会让他们产生强烈的“错失恐惧症”（fear of missing out，简称 FOMO）体验，或是被一种感觉自己已经落伍的攀比心态折磨。

无论是哪种情况，后果可能是相似的，即导致一种深刻的孤独感/不足感/疏离感，感觉就像一种迟钝的情绪痛苦。2018 年，一项针对全美国范围内 2 万名成年人的在线调查发现，近 50% 的受访者有时或总是感到孤独或被冷落，43% 的受访者觉得他们的社交关系没有意义，只有 53% 的受访者表示他们每天都会与朋友或家人进行有意义的面对面社交互动。

依赖社交媒体还有隐藏的机会成本。花费无穷无尽的时间盯着数字设备，让我们成为人类家园的陌生人——我们与自然界疏远，甚至隔绝。这种疏远附带的伤害是，我们一路走来，失去了敬畏心和好奇心。当我们在车流中奋力前行时，当我们努力完成一山更比一山高的工作时，当我们阅读最新的国内或国际危机新闻时，敬畏之心不会轻易到来。然而，保持敬畏之心，能够让我们在情感、社交和精神层面获得非常有效的疗愈。加州大学欧文分校的研究人员在一系列研究中发现，经历过让人产生敬畏心的事件后，参与者的亲社会行为增加了。他们变得更加慷慨，更关注道德行为。让人心生敬畏的经历会淡化人们自以为是、理所当然的态度。

无论如何，我们都可以学着让自己掌控生活，这样我们就能让自己的情绪状态朝着健康的方向发展。通过剖析情绪的痛苦和混乱状态，你能看清情绪的组成部分，获得更多的自我认知，找出特定的方法应对个人化的情绪诱因。你可以控制自己的思维和紧张感，定期进行体育锻炼，改善肠道健康，更有意识地选择生活方式，从而平息内心的情绪动荡。这些治疗情绪炎症的方法都是直接、务实的。虽然养成习惯很难，但迈出第一步很简单。不幸的事实是，我们一直无视现成可得的自然疗法，甚至没有意识到此类方法的存在。

但还有一些好消息：融合了前沿研究和跨学科知识（包括不同

形式的感觉疗法、自然疗法和可能性疗法）的修复计划（见第二部分）将帮助你设计属于自己的情绪炎症疗法。当你的精神状态发生改变，身体达到更健康的内部平衡状态，重新与周围世界的积极力量产生联结，你会体验到一种令人振奋、充满活力的感觉。正如法国哲学家让-雅克·卢梭提出的著名观点：自我认识和自我掌控带来幸福与社会和谐。当你运用这一理念重获自身的情绪平衡，你将以连自己都不知道的新方式，获得新的成长和发展。但这是一项内在的工作，因为它需要从你自身开始。

第二章 你的反应模式是什么？

如果没有自信，我们就同摇篮里的婴儿没有区别。

弗吉尼亚·伍尔夫，英国作家

正如人们的身材各不相同，情绪炎症的结构或形式也各有不同。因此不要以为我们的情绪炎症与朋友或爱人的情况一样。面对压力、负面新闻、潜在威胁和对世界状况的忧虑，每个人都有个人化的反应。根据内在气质、过往经历、遗传倾向、自然思维模式、个性和生活方式的不同，人在生理、认知、心理和精神上的反应也不同。

同一个家族里不同成员的反应模式也会有很大的差异。例如，爱德华是一名成功的说客，通常富有创造性和魅力，在工作中表现得老成持重。然而，在生活中，当他被邻居的保守政治主张或是青春期儿子的叛逆举动激怒时，他的反应方式异常激烈——他变得头脑发热，进行人格攻击，声称即将发生最糟糕的事情（事实上很可能不会发生）。与此同时，他的妻子斯特拉，一位脚踏实地、顺其自然的女性，发现自己在家庭冲突中经常被推到仲裁者或和事佬的位置，而她真正想做的是离开现场，到树林里散步。直到他们一起到伴侣咨询中心做咨询，爱德华才意识到自己的反应模式有多糟糕，而斯特拉也意识到这种反应互动是如何导致自己的隐性情绪炎症的。

在试图采取措施缓解情绪的过度反应或普遍性的焦虑和恐惧之前，了解自身情绪炎症的形式和内容是至关重要的。否则，就像在不了解病情时试图治疗伤口或疾病：你可能会对扭伤的脚踝施以热敷（热敷会加剧肿胀），而实际上冰敷和压迫更有效；或者你可能服用抗组胺药物治疗感冒病毒引起的鼻塞，而实际上减充血剂会更有效。换句话说，你需要知道你在应对什么（如何称呼它、定义它），然后你才能尝试减轻（或控制）你的感觉。一旦能确定并说出你的反应模式，你就可以拥有控制力。

让我们先来了解一些背景知识。社交商（social intelligence）指的是我们了解他人情绪的能力。比如：维系关系的动力是什么，我们对他人的感受如何，如何运用你觉察到的事实，等等。社交商越高，我们就越能准确、快速地识别出周围人的情绪变化，知道如何高效地互动和合作。情商更多是指了解自己内心的感受状态。情商越高，我们就越能准确地认识和理解自我情绪的细微差别。这两种智力形式都会影响你对情绪炎症诱因的反应模式。

虽然你的情绪反应模式可能与大众类似，但在不同的环境中或与不同的人交往时，你可能会表现出不同的行为，你与爱人、朋友、同事或陌生人的互动模式并不相同。社交商和情商高的人在面对不同的人和环境时会调整自身的行为模式。我们的目的是了解你会产生何种冲动，这样你就能更好地应对生活道路上的急转弯和坑洞。同时也要记住，你对特定反应模式的认识会随着时间的推移而改变，就像焦虑、抑郁和悲伤等情绪的表现会在几周、几个月或几年后发生变化。

我们的任务是找出当下你的情绪炎症的主要症状，这样你就能有效地平复情绪炎症，恢复情绪平衡状态。理解自身的情绪诱因和反应模式，有助于找到最有效的方法减轻你的情绪炎症，让身体和精神回到更平衡的状态。做完下面的小测试，你将从 4 种反应模式中找到与自己相符的模式。当你依次审视 4 种模式时，可能会觉得自己符合一组以上的感受和反应，这很好。我们许多人都有混合形式的情绪炎症。这是由于每个人面对混乱和危机时，内心深处的恐惧、担忧和思维方式各不相同，都有自身独特的“组合形式”。

发现你的模式

阅读下面的问题，开启自我发现之旅，标记出所有你认同的答案，包括你只在某个瞬间认同的说法。即使没有完全适合你的答案，也要选择最接近的。这意味着你可以在一道题目下选择多个答案。不要评判或检查你的回答（没有人在看）；相反，要对自己完全透明，尽可能诚实地作答。（如果没有准确的答案，就选择一个最能引起你共鸣的答案。）

1. 当你开车去某个地方、上下班、遛狗、洗澡，或是做一些不需要有意识思考的事情时，你的脑海中会出现什么思绪？

A. 我会想象我的个人生活或整个世界可能发生的最糟糕的状况。

B. 我可能会开始思考自己能做些什么或是应该做些什么，从而掌控生活。

C. 我可能会对其他人感到恼怒或对人类感到沮丧，并想表达这些感觉。

D. 通常我只会想如何度过这一天。如果想的更多一些，我可能会考虑如何保护自己免受冲突和敌意的伤害。

2. 当你想到最担心或最困扰的事，你的自然反应是什么？

A. 我可能会觉得紧张或慌张，轻微的压力也会让我过度焦虑。

B. 我会忙于思考解决问题的办法，然后投入到解决问题的具体行动中，并让其他人也像我一样做。

C. 我可能变得暴躁易怒，如果有人犯了小错，我也容易大发雷霆。

D. 我可能会计划做一些简单的事来安慰自己，比如疯狂地看最喜欢的节目，跟宠物待在一起，或是参加别的放松活动。

3. 现在你梦中最常出现主题是什么？

A. 世界末日的主题；在黑暗或深渊中迷路、受困；被危险或可疑人物包围。

B. 开车时刹车失灵；感觉时间紧迫；有东西砸在我身上。

C. 被误解、贬低或欺负；向犯错之人实施报复。

D. 漂浮在平静的海洋中，远眺陆地，却不想靠近。

4. 当你有压力时，什么样的情况或活动会让你感觉更糟？

A. 与那些有相似忧虑的人交谈——听到别人的恐惧和焦虑会让我压力更大。

B. 有人让我放慢脚步，放松自己，尤其当那些人看不到我所关注问题的紧迫性时。

C. 与那些挑战我的信仰、价值观或我的时事“观点”的人在一起。

D. 当我想要逃避或需要私人时间时，有人批判我懒惰或不合群。

5. 当你阅读报纸或在线新闻，看到最新的丑闻、危机或威胁时，你通常如何反应？
   A. 我感到紧张，那些事件破坏了我偶尔才有的脆弱的平衡，我感到很难应付。
   B. 我容易变得兴奋，因为我觉得必须高度警惕才能全面了解实况；我可能会持续关注事态的最新进展。
   C. 我会感到愤慨，觉得这个世界已经变成了一个危险的马戏团，我可能会对激怒我的人产生敌意。
   D. 我发誓不看新闻报道，并发现自己在回避人际交往和活动以节省精力。

6. 早上刚睡醒的时候，你脑海里通常会闪过什么样的想法和感觉？
   A. 我常常会有种模糊的预感，这天会发生一些事，而我担心自己没有足够的能力应对这些事务。
   B. 我得跳下床尽快开始执行待办事项清单，这样我就不必被那些事冲昏了头。
   C. 我常常会回想前一天发生的不公正和不道德的事，那些事让我感到不受尊重甚至愤怒。
   D. 我通常想翻身再睡一觉。

7. 你觉得这个世界十年后会是什么样子？

A. 世界看起来又黑又可怕，暴风雨、洪涝灾害越来越多，社会功能越发失调，政治领导也更糟糕。

B. 世界看起来既疯狂又混乱，人们为了生存，应该在忙于制订计划和储备物资。

C. 世界似乎越来越暴力，人们互不信任；政治机构已经不再保护我们，人们只能自己照顾自己。

D. 老实说，我会尽一切努力不去想这件事。

8. 当你想象要在忙碌的一周结束后举办一场大型家庭晚宴，你有什么感受？

A. 我开始感到压力爆棚，担心食物是否足够好，每个人是否能相处融洽。

B. 脑海中杂念飞驰：清理房间、摆桌子、准备菜单、完成其他任务——我感觉自己就像坐在一列失控的火车上。

C. 我可能会感到愤慨，因为我又得负担超量的工作，在身体上和情感上都是如此。

D. 我开始思考如何摆脱要完成的各项任务。我会在心里质疑：这有什么意义？

9. 当你听说你关心的人出了事，比如危及生命的疾病或严重事故，一般你会有什么感觉？

A. 我常常觉得危险离我们太近，人很难安然生活；我生活中的“保护层”也在逐渐消失。

B. 我通常会抛开自己的感觉，进入“该做什么就做什么”模式。

C. 我常常为生活中有太多不公而纠结。

D. 我容易关注生活中的偶然性，这使我想要隐藏起来进行自我保护。

10. 如果你所处的某种社会情景与你价值观不一致，你通常会如何反应？

A. 我想改变话题或表示中立，以避免冲突。

B. 我可能会甩出一长串社会不公现象及其他问题来反驳他们的主张。

C. 我的态度可能会变得对抗，质疑别人的论断或道德。

D. 我可能会离开现场，打算以后不再和这些人来往。

11. 当你发现一个新的高破坏性事件，一件可怕的反人类犯罪或是别的令人不安的事件时，你一般会有什么感受？

A. 脆弱或害怕

B. 不安和兴奋

C. 激动和紧张

D. 精疲力竭

12. 当你思考自己的内心理想和外部现实是否互相吻合或同步时，通常会有什么感受？

A. 不自在和不安全

B. 有压力和不耐烦

C. 感觉受到欺骗，幻想破灭

D. 气馁、伤感

• 数一数你选择的 A、B、C、D 分别有几个，然后阅读你的反应模式分析。（请注意，你可能与多种反应模式相关，因此请阅读与你有关的所有模式。）

• 如果选 A 最多，你是一个焦虑型反应者。你的情绪炎症可能表现为焦虑、担忧或恐惧。最近，你可能会觉得自己游走在不明确或不知名的威胁之中，周围好像有各种隐蔽的障碍。你可能不知道真正让你困扰或不安的是什么（你可能也不想知道，因为那也许是巨大的烦恼），但是你知道自己感觉不好。你甚至会让多个音量不同的警报在脑海中响起，这样也许能分散注意力，避免某种特定的不明恐惧浮现心头。研究发现，这种被强化的情绪反应可能源于童年时期的负面经历（如虐待、家庭不稳定或经济困难），随着时间的推移，这些经历可能会成为成年期情绪和焦虑障碍的基础。

我们都有第六感，而你的第六感表明有些事情不对劲。这是一项重要的本能，让你适应潜在的威胁和不断变化的情况。好的一面是，如果有潜在的危险，无论大小，你都不会忽视其征兆或低估风险。而潜在的负面影响是，如果你不能消除焦虑，更好地理解这些信号，它们可能造成内在压力和冲突。你真正想做的是消除焦虑，驾驭焦虑，并从中获取一部分内在能量（你将在后面的章节学到具体的做法）。

• 如果选 B 最多，你就是一个激动型反应者。你选择的答案反映了你的情绪炎症是狂热的、高反应性模式。你很可能有一张无穷无尽的清单，列满了你能做、应该做或是必须做的事。你可能会叮嘱自己，你的行动速度应该更快，这样才能改变自己或整个世界的现状。从表面上看，这种“必须、必须、必须”行动的风格是积极主动的，但在内心深处，它掩盖了你真正的烦恼。无休止的活动可以像白噪声一样，淹没你可能有的不安或黑暗的感觉。研究者有时把这种倾向称为“消极的紧迫感”，是一种在消极情绪或压力下冲动行事的倾向。它的问题是会损害你的自控能力。

在狂热的行为中，你可能会觉得自己有责任纠正这个世界的错误，这意味着你拥有强大的能量和善意。你意识到人类和地球正在受到伤害，有一大堆问题需要关注，必须采取行动。你没有找对努力的方向，或是没有搞清楚事情的优先级，这并不是你的错。（所以不要把这些事归咎于自己！）相反，请把这看作是更有效地解决问题的机会。为了达到目的，不妨问问自己这几个问题：现在最重要的是什么？在这种情况下，我从何下手、如何应对，才能高效地解决问题？关键是要找出最好的行动方式，然后有意识地执行这些行动。

• 如果选 C 最多，你就是一个怒火中烧型反应者。你的情绪炎症主要表现为生气、愤怒或愤慨。你可能会因为别人的愚蠢、贪婪、无能和/或自私而感到危机四伏、受到亏待、挫败或厌倦，觉得“世界一团糟”。在持续的恼怒状态下，你可能想要对那些与你的价值观和预期不符的人发起反击；或者你会觉得需要发泄怒火，好让人们对他们的表现和行为负责。因此，你可能会发现，自己偶尔会体验到爆发性的愤怒、愤世嫉俗或正义感。

当你周围或全世界有坏事发生，好人受到伤害，恼火是对社会不公自然合理的反应。我们的目标不是让你压抑愤怒，也不是向内释放愤怒。事实上，研究发现，在紧张的工作中抑制愤怒情绪会使血压升高。相反，你真正想做的是承认自己非常生气，然后把这种道德上的愤怒和愤慨转化为建设性的力量。为了达到这个目的，你最好能找到其他一些跟你一样感到愤怒并下定决心改变现状的人，与他们建立密切的联系。你希望用你的能量推动社会变革，用建设性的行动引导社会。当人们齐心协力的时候，改变才会发生。一个人的怒吼、激愤或暴怒是没有用的。

• 如果选 D 最多，那你就是一个逃避型反应者。你的情绪炎症特征是具有一种僵化、抽离、退缩、分心或自我麻木的倾向。在内心深处，你可能认为你的感受或行动毫不重要，这会造成一种无力感、耗竭感、绝望感和/或屈从感。这些不幸的感觉会让你感觉身心疲惫，没有动力，无法集中精神。它们也会侵蚀你的信念，让你怀疑自己的能力乃至全人类的能力不足以促成有意义的改变。这会使你想要向内退缩。

在这个充满侵略性和竞争性的世界里，你可能属于那类灵魂温柔的人。看到别人受到不友善的对待时，你可能会感到痛苦——这种现象也许会让你精神萎靡，激发你退缩的本能。考虑到我们文化的严酷性，尤其是在当下，我们可以理解，你想逃避到一个更平和、避世和/或包容的地方。这是一种应对机制，但这并不能帮助你或其他人。相反，研究表明，它会引发情绪惯性，导致你陷入消极的心理状态，使你在抑郁时更加脆弱。提醒自己放慢脚步，从更抽象的层面反思那些带来情绪困扰的问题。记住，你是自然的一部分，是人类的一分子，你不是孤立存在的。不管你是否意识到，你都在寻求与周围环境的和谐联系。是时候朝着正确的方向迈出一步了，而不是退缩在内心深处。

冷却你内在的反应器

现在你已经确定了自身情绪炎症的主要感受和反应倾向，接下来，你可以观察它在什么时候、以什么形式爆发。这会让你进一步觉察情绪炎症通常对你造成的影响。这是站在更好的位置平息情绪风暴的第一步。鉴于我们目前所处的环境不可预测——特别是政治分歧、经济动荡、人权冲突、枪支暴力、战争和恐怖主义、环境威胁、持续气候变化造成的巨大破坏——我们不能指望外部世界在短期内平静下来。这不太可能实现。

我们每个人都有责任控制自己的情绪反应，培养一种更稳定的内在平静状态。这不是为了改变你内在的个性或天生的倾向，相反，这是为了让你更深入地认识和洞察自我，在看待和面对世界时变通能力更强，从而学会更熟练地驾驭和管理自己的情绪。

你最好能通读 4 种反应模式，因为你的爱人或亲密的朋友可能属于不同的类型；让他们参与测试可以帮助你们更了解彼此。管理别人的情绪不是你的责任，但是如果你能理解他们的反应模式，就能找出与他们相处的更好方式，更有效地与他们沟通，尤其是当你们的关系陷入紧张或冲突的时候。另外，我们都可以从彼此的模式中学到东西，因为每一种反应模式都代表一种生存策略，帮助我们在不同情况下繁衍发展。就其本质而言，这些反应模式没有绝对的有害或有益、不适应或适应之说，重要的是你如何表达它们。个体的心理弹性、觉察能力和情绪管理技能决定了这些模式是否有用。所以，试着培养自我接纳、自我同情以及对他人反应模式的同理心。

玛丽莎是一位对冲基金经理。不久前，她与 23 岁的女儿安吉之间的理解和沟通出了问题。她们之间经常因琐碎小事发生摩擦，两个人都很恼火。玛丽莎天生积极进取，而安吉是一名作家，敏感而惯于自省。当母亲令她感到不安，或者她想恢复精力时，她就会逃避。相反，玛丽莎试图用当面对质来解决母女之间的紧张关系。她的努力经常事与愿违，这让她们的关系更加紧张，而且，玛丽莎还体会到一种被拒绝的感觉。

当玛丽莎和一位心理医生朋友谈起这种情况时，这位朋友认为，至少在某种程度上，这可能是因为她们两人面对压力时的反应模式不同造成的。她建议玛丽莎表现得更亲切、更接纳一些，努力消除母女之间的隔阂。当玛丽莎按照这一思路调整自己的沟通方式时，母女之间的火药味立即降低了。随着时间的推移，玛丽莎对安吉一直保持温和的态度，这让母女之间建立起了信任感，关系变得平静，动荡的情势得以平息。在这个过程中，玛丽莎也洞察了平静的意义——从前，她没有意识到自己失去了平静的能力。

管理自己的反应模式，有点儿像提高自己的汽车驾驶技术。事实上，你永远无法控制天气、驾驶条件或其他司机的行为，但你可以培养和磨炼自己的敏捷性和安全技能，学会操控和调整速度，注意坑洼和盲点，在意外情况下控制车辆，适时改变车道。为情绪健康考虑，培养这些技能可以帮助你避免或摆脱长期以来情绪诱因引发的心理或行为模式，可以帮助你走出无法看清重要问题的狭窄视角，可以帮助你避开与价值观或情感风格不同的人之间的摩擦。如果持续不断的、令人震惊的新闻报道一直给你造成精神刺激，这些技巧也能为你减轻情绪上的痛苦或持续紧张。

如果能更细致地了解自己的心理状况和经常激怒你的情绪诱

因，你便能更坚定地坐在情绪生活的驾驶座上。这是属于你的位置，如果你想引领自己走向更大范围的情绪平衡，你需要待在这里。不过，你首先需要对沿途可能遇到的危险和变数有非常高的适应性。正如前职业赛车手杰夫·戈登所言："我不认为一名优秀的赛车手是一个无所畏惧的人。我认为那是一个能够坐在方向盘后轻松应对一些不可控事件的人。"他的话很好地总结了我们在动荡的世界中如何更好地前行。

第三章 炎症瀑布

炎症一直是医学上的一个谜，现在它已经威胁到人类的长期健康。

迪巴克·乔普拉，医学博士

鲁道夫·E.坦齐，博士、《疗愈自我》作者

很难理解，一种可以挽救生命的内部防御机制也可能会对你不利，威胁到你的健康和幸福。这听起来像是一种虚构的“生物叛变”，但它可能会发生，而且与炎症有关。通常，由免疫系统引发的炎症是有益的，因为它有助于你的身体消灭致病细菌，修复受损组织。战斗胜利后，炎症应该停止并结束，否则，它就会演变为肉眼看不见的慢性轻度炎症，对你的器官、血管和细胞产生有害影响。影响全身的慢性炎症会侵蚀身体组织，造成机体的螺旋式退化。因而，你的炎症越重，你就越有可能患上慢性疾病，如心脏病、糖尿病和某些种类的癌症。此外，全身性的身体炎症会损害你的认知过

程：削弱清晰思考和推理的能力、形成正确决策的能力、提取记忆的能力。从长期看，它甚至与痴呆症有关；而从短期看，它会影响你的情绪状态。事实上，大脑的炎症与许多情绪状态密切相关，包括抑郁症、焦虑症、双相情感障碍、创伤后应激障碍等。尽管抑郁症本身不是一种炎症性疾病，但大量文献表明两者是相关的。越来越多证据表明，二者不仅密切相关，而且还可能相互促进。这就是隐蔽的身体炎症的故事。

我在实践中发现，情绪炎症也会引发类似的螺旋式退化。无论你属于哪种反应模式，个人化的情绪诱因的刺激和它导致的情绪炎症可能造成众多不良影响，吞噬你的幸福感。现代生活已经充满了挑战，所以当人们听到最新的政治丑闻、人权冲突、破坏人类健康的环境威胁，或是正在威胁这个已然脆弱的世界的全球气候变化问题时，他们开始焦虑：我们要怎么做？哪里才是安全的？谁来保护我们？我们将给后代留下什么样的遗产？当你尝试回答这些问题时，脑海中浮现的景象和思绪引发的一连串的负面念头和情绪，它们互相冲撞，或导致愤怒、绝望或精神上的瘫痪，让你感到无法采取行动改善状态。

情绪炎症源于生理和心理反应。生理上，交感神经系统（SNS）和副交感神经系统（PSNS）就像一个来回摇摆的摇篮，根据身体的需要，它们分别发挥主导作用。在面临威胁的时候，交感神经系统占主导地位，它让我们做好战斗或逃跑的准备。相反，在需要养精蓄锐或保持平静时，副交感神经系统将接管身体。两者的相互配合有助于我们内在的平衡。当交感神经系统和副交感神经系统之间独特的相互制衡系统运行良好时，你的身体和情感可能也会感觉良好。在极度危险的时候，比如，在树林里遇到一条准备向你发起攻击的响尾蛇，在高速公路上遇到一名危险的司机，或者有人在黑暗的街道上跟踪你——身体与生俱来的压力反应为你创造了更大的逃生机会。这就是人们常说的战斗或逃跑反应。你的心跳和呼吸加快，血流量增加，血压上升，肌肉收缩，做好了为保命战斗或逃跑的准备。最优能量被传递到身体需要的部位，在生存之战中并不重要的身体功能暂时被搁置。

与此同时，包括杏仁核（负责评估威胁并对威胁做出反应）在内的重要脑区被激活，评估威胁的严重程度，并迅速将计划付诸行动。在有生命危险（或感觉上可能有生命危险）的紧急情况下，前额叶皮质（通常控制着大脑的主要指挥中心，负责控制冲动、审查仓促的判断）活跃程度降低，因为被激活的杏仁核占据了主导作用并控制了方向盘。大脑的神经回路被劫持，恐惧、焦虑和攻击性剧增，让你很难清晰思考。在紧急时刻，大脑牺牲了审慎的计划和深思熟虑，决策既不经过仔细权衡，也不经过审查。在这种情况下，你的反应是原始的。这些生理变化是人类固有的生存机制的一部分，使我们能够对紧急情况做出反应，勇敢面对威胁，迅速行动，保护自己和所爱之人。

但是，如果我们仅仅是“感觉到”有危险呢？触发求生机制的威胁多种多样，但少有前文所述的戏剧性状况。如果你在工作场合卷入一场政治争论，收到一张你付不起的天价账单，或是目睹了一些令人厌恶的行为，那么，基于“求生机制”的压力反应就过头了。这样的烦恼每天都有，你身体的压力反应可能过度，做出过激的事。这种情况越多，你的健康和幸福感受到的损害就越大。布鲁斯·麦克尤恩博士在他的《理解压力，终结压力》（*The End of Stress as We Know It*）一书中指出：“人类的思维是如此强大，感知和生理反应之间的联系是如此强烈，以至我们只要想象自己身处一种危险的境地，就能触发战斗或逃跑反应。”

身体的原始设置不是为了处理慢性情绪压力的。生活在一种持续或频繁的高度焦虑、恐惧或忧虑状态中，会导致身体的战斗或逃跑反应处于活跃状态。这时，你的交感神经系统会加速，向大脑和身体释放大量压力激素皮质醇和肾上腺素。你的心率、呼吸、血流量和血压可能会持续升高，白细胞会执行“搜索和摧毁”任务，最终可能会攻击你自身的组织和器官——这就是导致大范围炎症的原因。长期压力剥夺身体需要的资源，一些需求会被降低到第二层次，比如消化和生殖功能。（这就是为什么一个人长期处于压力之下时，生育能力和性冲动往往会下降。）

除了使心血管系统变得紧张，扰乱免疫、内分泌、神经和代谢功能外，慢性压力甚至会增强你的疼痛反应。这就是为什么保护你免受伤害的进化设计反而变成了一种威胁。正如分子生物学家约翰·梅狄纳在《大脑规则》（*Brain Rules*）中所述："人体应激反应的原始功能是解决持续数秒的问题，而不是持续数年的问题。当压力激素由适量累积到太多，或者停留太久，它们就会变得相当有害。"

潜在的身体副作用

如前所述，非稳态负荷是指由压力引起的大脑和身体的损耗，会加速衰老过程，并导致一系列健康问题。引发非稳态负荷的情况有多种：心理压力居高不下，身心无法适应持续的压力源，或是压力事件已经结束但身心还未恢复平静。如果压力反应无法终止，你的大脑和身体会受到连续不断的警告信息的影响，包括压力激素激增。

积累了大量心理、社会或环境压力的人，针对压力反应的生理调节能力可能遭到破坏。一些人似乎比其他人更容易受到应激反应增强的影响，这可能源于他们的基因结构或创伤经历。一些与生活方式相关的因素会增加压力，如睡眠不足或服用某些药物。兴奋剂、类固醇、抗癫痫药物和某些抗抑郁药物都能放大愤怒或攻击性情绪。曝露于某些化学物质中，如许多消费性产品中的阻燃剂多溴二苯醚（PBDEs），可在压力情境下增强交感神经系统的活跃度。另一方面，β-受体阻滞剂、其他抗高血压药物和帕金森氏症药物会让你感到更加抑郁或疲劳。关键是，最好要意识到，通常情况下许多未知和意外的状况会强化你的应激反应。

这一切的后果是，你徘徊在情绪炎症旋涡的边缘——焦虑、不祥的预感或一种亢奋状态——以任何可能的方式对你的身心造成损害。它会产生持久的连锁反应——从情绪到行为，从社会能力到精神世界。

压力反应的性别差异

许多健康问题都存在性别差异，因而男性和女性在应对压力时的生理反应方式存在较大差异便不足为奇。例如，研究发现，当男性和女性经历急性压力时，男性大脑杏仁核的右侧被激活，而女性则是大脑杏仁核的左侧被激活。这一点值得注意，因为杏仁核右侧容易记住“体验的主旨”，左侧则容易记住“情感成分的细节”。加州大学欧文分校的神经生物学教授拉里·卡希尔博士指出，这可能有助于解释为什么男性容易回忆起压力事件的基本事实，而女性则会回忆起事件引发的情绪和影响。令人难以置信的是，卡希尔解释说：“大脑在处理情绪意象方式上表现出的性别差异，在300毫秒内就发生了——远在人们有充足机会（如果有的话）在意识层面解释他们看到的东西之前。”

应对压力的性别差异还体现在其他方面。当男性和女性面临挑战性任务，如公开演讲或做一道高难度数学题时，男性和女性都报告说感受到了高水平的压力，然而，男性在这两项任务中，皮质醇的增加明显比女性多。

此外，男性和女性在压力引发焦虑时运用的神经资源似乎也不同。耶鲁大学的研究者让 96 名健康的男性和女性参与一项旨在诱发压力或放松状态的引导性表象训练，利用功能性磁共振成像观察参与者的大脑反应。在诱发压力的表象训练中，男性与评估可能代价和后果（所谓的“工具性行动”）相关的脑区和与运动技能相关的脑区表现得更为活跃。相比之下，女性与情感体验、语言表达和视觉处理相关的脑区（后岛、颞回和枕叶）显示出更活跃的反应。

这说明，经受相同压力的男性和女性在生理层面上的反应和处理方式是一样的，这种认识是错误的，更不用说在情感层面了。下次当你和异性发生冲突的时候要记住这一点！

精神和情绪紧张

不安全感、过度反应和对未来的恐惧会在你的头脑中形成一个持续的危险循环，这可以体现在认知上和生理上。这些感觉不仅是慢性应激的症状，其本身也会造成长期压力，从而形成慢性应激。毕竟，皮质醇和其他压力激素长期处于很高水平会增加焦虑和抑郁的感觉。这种持续的应激反应会引发一系列情绪，包括愤怒、悲伤、抑郁或忧虑，这些情绪会转化为无力的愤怒、恐惧或绝望，可能导致干扰性思维、睡眠问题和噩梦。一些人会因此精疲力竭，畏缩不前。持续的应激反应会损害你集中注意力、学习或记忆基本信息的能力，并在其他方面削弱你的最佳认知功能。

持续的应激反应也会让你陷入思维反刍，反复思虑一个问题，以至于这些想法像一张破唱片似的在脑海中反复播放。这种状态也可能导致预期性焦虑，为将来不确定是否会发生的事情担忧；或导致情绪转移，一种焦虑激发另一种焦虑；也可能导致灾难性思维，你会设想可能发生的最糟糕的结果。无论从哪个角度看，这都是一种残缺的生活和工作方式。

这种不间断的应激反应也与习得性无助和无力感有关，这种无助感会让你陷入行动瘫痪。因而你会尽量回避可能引发恐惧感的情景或活动，或觉得自己无力采取建设性行动来改善事态。另一方面，有些人容易逼迫自己提高效率——用更多的活动填充生活或者寻求更多刺激——目的是分散注意力或摆脱焦虑。他们仿佛无意识地相信，快速、忙碌的生活可以让他们回避在这个疯狂、不稳定的时代生存的不适感。

无论你对哪种反应模式产生共鸣，受到的影响都是相似的。当你的大脑前额叶皮层在持续压力下把主导权交给杏仁核时，通常控制情绪的神经递质就不够用了，最后你可能会体验到一股势不可当的负面情绪。

医学博士巴塞尔·范德考克在他引人入胜的著作《身体从未忘记》（*The Body Keeps the Score*）中提出了“情绪大脑”的概念，其主要任务是守护你的幸福。听起来它很有用处，然而，情绪大脑评估信息的方式非常笼统，并且经常“基于粗略的相似性得出结论”。他指出，在情绪大脑中，“这些反应是自动的，在我们没有任何思考或计划时便启动了，有意识的、理性的能力只能亡羊补牢”。他在书中主要探讨了严重心理创伤的影响，比如参与战争、遭受暴力或虐待，然而，更普通或持久的痛苦也会造成同样的影响，区别只是严重程度不同而已。

当你经历情绪炎症的阵痛时，可能引发一种启动效应，你会对下一个危机或随之而来的压力更加敏感，无论是生理上还是心理上。这意味着，一个不太强烈的刺激或压力源可能引起比正常情况下更强烈的身体或情绪反应。在瑞士的一项研究中，健康的受试者在浏览彩色单词时，会被展示一张恐惧或中性情绪的脸部图片，图片出现的时间只有几微秒。脸部图片显示的时间极短，以至于它们被归属为“潜意识的刺激”，也就是说，参与者没有意识到自己看见了那些图像。在浏览了彩色单词和面部表情之后，参与者接下来会完成一项压力很大的任务。那些被展示过恐惧表情面孔的人在完成压力任务后皮质醇水平显著升高，而那些看到中性表情面孔的人的皮质醇水平没有显著上升！事实上，在无意识的情况下，一种形式的恐惧情绪启动，增加了参与者对后续压力刺激的反应强度。

犹他大学的研究者也做了一项类似的实验，目的是评估下意识地激活人们对自身人际关系（包括支持性的、冷漠的、反感的和矛盾的关系）的评价是否会影响他们在挑战数学和演讲任务时的压力反应。答案清晰明确——会！在紧张的任务中，一些人被与他们有负面关系的人的名字启动，这些名字以每次 43 毫秒的时长随机闪现。这些人表现出更强烈的受威胁感、更低的控制感和更高的舒张压值。那些在开始时看到跟自己有矛盾情感的人的名字的人，在紧张任务中的心率最高。无论对于男性或女性，这些影响都是真实存在的。

情绪炎症也会造成以下类似的情况：你可能会变得更加敏感，也可能对接下来的威胁或坏消息做出更强烈的反应，或者你可能会对一些平时根本不在乎的事情反应强烈。在这些情况下，潜意识控制了方向盘，而通常我们甚至没有意识到自己已经被启动，即将变得情绪低落。一旦你处于情绪紧张的边缘，稍有不慎，你就可能会掉进“压力深渊”。长此以往，沉浸在一池“有毒的”情绪中，前额叶皮层（自我意识、自我控制、远见和计划的控制中心）会收缩，杏仁核（大脑的恐惧和攻击中心）会变大，导致大脑对压力的变化更敏感。

49岁的安德里亚是纽约一家全国性非营利组织的战略和运营经理，她对启动效应很熟悉，不过她当时并不知道启动效应这个名词。事情始于“9·11”恐怖袭击之后。她经常在一天开始时就不安地想：今天早上恐怖袭击会再次发生吗？然而，在2016年总统大选后，她的痛苦程度急剧上升。“我对整场政治对话、对政治话语的卑鄙本质、对生活中狭隘和分裂的气氛感到非常沮丧，”她说，“这让我形成了负面连锁反应，我开始为一些原本并不令我焦虑的事情烦恼，比如导航中遇到的小麻烦或者工作中不太顺畅的谈话。我不是天生有强迫倾向的人，但最近这些日子我经常焦虑地思来想去。”

安德里亚还说，自大选以来，她一直在喝“比平时多两倍”的葡萄酒，试图麻痹焦虑情绪。安德里亚的情况绝非个例。近年来，美国的酒精消费量急剧增加，高风险饮酒行为（女性每天饮酒4杯及以上，男性每天饮酒5杯及以上）增长了30%。

除了饮酒，一些人养成了用药物、食物、其他物质或者空虚的活动（比如购物成瘾、玩电子游戏）来麻痹自身的痛苦情绪。他们通过这些行为寻求即时的解脱或满足，本能地试图压制、掩饰或消除情绪困扰。但是，寻求即时解脱会让你更难做出成熟的选择。为了现在感觉良好而采取短视行为，不考虑可能的后果，可能会让人否认自己的现状。饮酒便是一个例子。喝一两杯（或三杯）葡萄酒会在一定程度上损害一个人的感知和思维过程，因此，酒精通过让人更不容易专注于引发焦虑的念头和事件，从而降低焦虑感。但是，这样一来，人的思维会变得狭窄。

有时，泛化的恐惧和焦虑也会让你回避过去喜欢去的公共场合，比如音乐会、博物馆，甚至是购物中心或夜总会，或是参加示威游行等活动。背后的动机可能是你希望将自己包裹在一个透明的保护罩中，或者回避那些可能会引爆情绪的刺激。如果你继续去到那些场合，你可能发现自己会表现出强迫性检查行为。

59 岁的斯蒂芬是华盛顿特区的一名律师，最近他意识到自己养成了一种习惯，每当进入博物馆、机场、剧院、百货公司、会议厅和其他公共场所，他会马上寻找安全出口的位置。他还会在心中演练，如果发生危险该做何反应，而且会考虑如何降低犯罪者对他人的伤害。他说：“对我来说，这已经变成自动化过程了——我没有意识到这一点，但这妨碍了我充分享受眼前的事物和正在做的事情。”他又补充说，这些行为上的变化是由美国枪支暴力和大规模枪击事件增多引起的。

不管你是过度警觉还是否认现实，或者你正在逐渐了解自己的真实感受，情绪炎症的潜在影响都可能会在不知不觉中损害你的身心健康。你的实际生活方式，包括饮食结构、是否吸烟、运动频率、睡眠质量，也会刺激肾上腺素、皮质醇的释放，影响其他应激反应行为（下丘脑–垂体–肾上腺轴，简称 HPA 轴）的产生。这些生理动力引发痛苦的思维和感觉的恶性循环，可以改变你的行为，损害你的健康，这反过来又扰乱了你的情绪平衡，而且这还不是全部的影响。

社会和精神压力

从本质上讲，人类是社会性的生物，尽管一些人的社会性比另一些人更强。我们有相互联系、相互关心、相互合作、相互支持的能力，我们从这些联结中受益。事实上，许多研究已经证明了社会支持对身体健康和情绪健康的积极影响，包括对压力的抵抗力。

不幸的是，情绪炎症也会影响我们的社会性表现。生活在高度警觉、无助、不安或空虚状态中的害处会渗透到潜意识中，扰乱我们的社会性倾向，甚至侵蚀我们的灵魂。当人们为重大问题所困扰却得不到简单的答案时，采取行动的倾向可能会变得迟钝。社会心理学家所谓的“旁观者效应”证明了这一点。在这一效应下，一大群人可能目睹一些可怕事件的发生而不采取行动，他们在旁边围观，最多只是紧攥双拳。在更大范围内，旁观者效应体现为，大部分民众观察到社会、政治和环境方面的错误行为，却很少或根本不采取行动。这种被焦虑束缚的不作为、对事态严重性的否认以及对责任的放弃，可能成为一种社会常规——一种预期之内的、可接受的行为。但这种麻木最终会让我们产生更强的创伤感，因为它阻碍了通过强有力的行动来减轻焦虑感的行为。

我们生活在一个英雄陨落的时代——职业运动员和教练、政治家、军事领袖、演员和制片人、作家，还有其他我们曾经钦佩的人，由于个人行为不端而令人大失所望——这让人们更感迷茫、愤世和失落。有导师、榜样、英雄或仰慕的人，能让我们感到振奋鼓舞，鼓励我们深入探索，找到最好的自我，渴望伟大。因此，我们可以理解，在不赞成某人的个人行为的同时，还要保持对他的专业能力的欣赏，会导致认知失调（如果你学过基础心理学课程，可能会记得这个术语），造成心理不适。这些压力会带来不稳定因素，夺走生活乐趣，给我们的个人生活和深层的精神自我造成不安。

当人们与威胁生命的疾病做斗争或面对终结生命的决定时，精神上往往会感到痛苦。曾目睹或参与有违道德的伤害性事件的退伍军人比大多数人受到更严重的焦虑、抑郁和创伤后应激障碍的折磨；他们精神或宗教信仰的混乱程度也高于平均水平。这些相关性并不奇怪。更令人吃惊和忧虑的是，越来越多没有经历过客观创伤事件的人，也在与精神上的痛苦、存在性恐惧或焦虑或悲观厌世（这种厌世情绪源于一个人对这个世界的期望与实际情况之间的差距）做斗争。

在工作实践中，我看到越来越多这样的灵魂在挣扎。此外，我越来越频繁地遇到对动荡的现代世界产生疏离感想要逃离的人，包括气候活动人士、媒体专业人士、政界人士、办公室职员和其他人。在我与“我们的儿童信托基金会”合作的过程中，我对年轻人更加理解，开始跟他们开展更广泛的合作。气候危机和上一代人给他们留下来的世界，对这些年轻人来说是严重的创伤性事件，他们在其中挣扎。许多年轻人不想生孩子，认为多一个人地球就要多付出一份代价，而且他们也害怕把孩子带入一个混乱的世界。尽管科学界已就地球面临的危机达成共识，但我们的政府不愿保护地球，这激发了一种深深的愤世情绪。在一个本应精神振奋、充满理想、勇于探索和追求梦想的时代，一种徒劳的感觉正渗透到一些年轻人的生活中。许多年轻人对成年人的不负责任感到惋惜，对自己身上堆积如山的责任感到愤怒。有没有什么奇特的研究能告诉我们，大学生异常的酒精消费和精神挣扎之间是否相关？

需要澄清的是，我并不认为这些灵魂的挣扎是宗教信仰危机，而是在一个许多人都觉得正在崩溃或坠入地狱的世界里，人们为了保持希望、同理心、同情心、意义和目标感而进行的斗争。感觉生活没有内在价值或意义，或者你的个人行为实在无关紧要，都可能成为情绪炎症的驱动因素或放大因素。同时，这些感受也可能是情绪炎症的后果。当这几种驱动力同时发挥作用时，人很容易变得更加恐惧、愤怒、孤僻或激动。

凯瑟琳对此深有体会。她是一位 58 岁的律师，整个职业生涯都在为社会公正与恢复性司法奋斗，特别是为妇女、移民和其他被剥夺权利者的权益。她是 4 个孩子的母亲，曾经代养过一名孩子，居住在芝加哥。她做律师的初衷是想让世界变得更美好，但近年来，她越来越怀疑自己实现这一愿景的能力。她说："我在社交媒体上花费了大量时间，因为我担心错过一些世界大事。"不和谐的政治氛围和猖獗的侵犯人权行为一直占据新闻头条，这加剧了她对世界现状的焦虑。她不仅开始质疑自己选择的人生道路，而且开始感到未来无望。她说："很多日子里，我不确定我是否希望我的子孙生活在未来的世界。"

这种悲观的看法可以渗透到一个人心灵的最深处，往往在潜意识中影响他或她的思维模式和行为。当人们在生活中失去意义或目标时，他们往往不再寻求机会扩大与世界的联系或解决自己生活中和整个世界的问题。他们可能不再关心自己的健康或不再计划未来，因为他们不愿（或不能）想象未来。相反，他们只关心如何挨过一天，应对眼前的问题，就像在不停地玩"打地鼠"游戏。

宗教在美国和其他国家的重要性开始下降。在 2017 年对美国 5000 多名成年人的调查中，27% 的人认为自己有"精神"信仰，而不是"宗教"信仰，与 2012 年相比，这样的人增长了 42%；还有 18% 的人认为他们既没有宗教信仰也没有精神信仰。这些变化发生在各行各业，有男有女，有共和党人也有民主党人，跨越不同的种族、年龄和教育水平。这是一个信仰危机和希望危机的时代吗？人们陷入怀疑和迷茫。这是否反映了世界的混乱和动荡，一种根深蒂固的犬儒主义或是别的因素？我们无法确定。

任何一种说法——精神空虚、存在性焦虑、悲观厌世或其他术语——都清楚地表明，越来越多的人觉得自己与一些重要的事情、超越自我的存在失去了联结。这种精神空虚会让人迷失方向，也许会让你觉得在这个世界上没有目标或漫无目的。但你不必默认这种现状无法逃避，也不必任由内在的身心应激程序摆布。在接下来的章节中，你会发现无数能缓解反应过度的方法，让你的身心平静下来，重新找回一种目标感、希望和人际联结——尽管你生活在一个动荡的世界里。运用正确的策略和技巧，你将减轻情绪炎症，朝着稳定的平静状态前进。

Part 02

恢复计划

冷静下来之后的科学与对策

第四章

识别你的感受

你的理解力可能会陷入困惑，但你的情感永远不会欺骗你。

罗杰·埃伯特，普利策奖影评人

学会消除情绪障碍，准确识别情绪，无论是负面情绪还是正面情绪，对每个人来说都有益处。毕竟，不愉快的情绪是自然而正常的，是情绪的基本组成部分。情绪每天都会波动，通常在一天内会波动好几次。如果你不曾时常体验到消极感受，积极感受就不会那么值得珍惜或让人快乐了，你的情感生活可能会异常狭隘，你也会失去理解自我的重要机会。无论是好感觉还是坏感觉，都是无声的信息，提醒你在私人生活或职场生活中注意自身的行为或是周遭发生的事情。

《情绪的语言》（*The Language of Emotions*）的作者、医学博士

卡拉·麦克拉伦说："与其把情绪分为好与坏、正面与负面、喜与悲等类别，不如把所有情绪都看作有用的信息，看作是进化过程中发展出的适应特定情况的反应，当你停止评判时，你将学会带着同情心对实际正在发生的事情做出反应——你将学会如何不妖魔化或美化情绪，单纯观察情绪。"

能够识别和表达感受有助于你更好地了解自己，从而获得更多的自我认识。明确你的情绪并照顾你的情绪需求，通过开展有效的情绪对话，回应情绪，从而直接处理情绪。拥有情绪自我觉察能力，可以激励你在生活中做出有利于身心健康的改变，采取行动改善周围的世界，并使心理变得更有弹性——也就是说，能更好地应对危机，能从挫折中快速复原。

有趣的事实

多年来，研究者对人类的情绪进行统计，在不同时期得出了不同数字。最新的研究确定了 27 种情绪类型，包括钦佩、崇拜、同情、成就感等，每种类型又细分为许多有微小差别的情绪。平均来说，人们醒着的时候，在 90% 的时间里至少会体验到一种情绪，其中积极情绪是消极情绪的 2.5 倍。让人大开眼界的是，在醒着的 1/3 时间里，人们同时体验着正面和负面的混合情绪（比如兴奋和恐惧)。

情绪觉察能力的一些好处似乎有些违背直觉，因为乍一看，在这个混乱的世界中，试图忽略愤怒、恐惧、绝望等不愉快感觉似乎是一种聪明的策略。你可能觉得这种方法很好用，可以让你保持镇定和体面，保护你的精神状态，防止自己被负面情绪干扰。毕竟，谁愿意一个小时接一个小时、一天又一天受情绪波动的支配？但这种回避策略会给你带来多种困扰。一方面，那些无法理解且不能用语言表达痛苦情绪的人可能会采取不良的应对策略，如暴饮暴食、酗酒、吸烟、冲动购物、赌博、采取攻击性或自残行为等。他们可能更容易受到慢性疼痛的影响，患抑郁症和焦虑症的风险更高。研究发现，总是压制不愉快的情绪会阻碍执行功能（计划、推理和多任务处理能力），在高压任务中心脏反应过度紧张，并在其他许多方面损害你的身体和情绪健康。

45岁的乔安娜是一位有两个孩子的全职妈妈，她努力做事以保持愉快、精力充沛的状态。她习惯于让自己忙于志愿工作、家庭改善项目、社交活动和培训班，以至于她几乎没有时间思考或记录自己的情绪，更难以觉察到情绪努力向她传递的信息。因此，当一些意外发生时，她常常感到茫然不知所措。

30岁的南希是一个聪明成功的媒体策划人，她希望更了解自己的感受，建立更成功的浪漫关系，因此决定进入治疗。当胳膊上满是伤疤（她穿着长袖遮挡这些伤疤，哪怕在夏天也是如此）的南希被问及她对工作、家庭或生活其他方面有何感受时，她常常脑子一片空白，变得结结巴巴。她患有“抓皮障碍”，表现为抓挠皮肤，与强迫症有关。在南希的案例中，她似乎是在“抓掉”自己的感受，而不是承认或审视它们；在任何有意义的层面上，她都完全不了解自己的感受。

为什么人们会与自己的感受失去联系？对一些人来说，他们找不到恰当的词语具体描述自己的感受。这也许是因为，我们的文化没有提供正规的教育，帮助人们发展情绪觉知能力，获得一套反映情商的语言。另一些人在成长过程中，可能被灌输了这样一种观念：他们不应该关注自己的情绪，更有效的做法是努力变得坚强隐忍。还有一些人可能天生缺乏基本的自我觉察能力，无法分辨自己的感受，除了可能会觉得不安，其他的干脆就“感觉不到”。就像路德维希·贝梅尔曼斯所著“了不起的玛德琳”系列中的克拉维尔小姐一样，他们可能感觉到“有些事情不对劲”，但他们无法从自己的感受中辨别出到底是什么不对劲。这种表现叫作“述情障碍”（alexithymia），其特征是一个人无法识别和描述自己的情绪。在他们眼中，情绪好像只有黑白两色，而不是五彩缤纷的。在这个世界上，这种生存方式无疑是缺乏生机和危险的。

有时候，只需要给不舒服的感觉起一个名字，就能减轻它。研究表明，接受而不评判负面情绪——一些心理学家将这一过程称为“习惯性接纳”（habitual acceptance）——可以让你在生活中的困难情境发生时和发生后感到较小的压力，从而改善整体的心理健康。这并不奇怪，因为这些特征是情商的一部分，包括识别、理解、表达、调节和明智地运用情绪的能力。除了使生活变得更顺利，情商还与更健康的心理、更令人满意的人际关系、更大的职业成功和更强的整体幸福感有关。

难题在于：如果一直习惯于忽视、压抑或回避自己的感受，你如何识别自己的感受？这不是一个容易的转换。为了弄清感受背后的本质，你可以尝试一点一点地揭开情绪，这样你就可以区分与生气、恼怒或愤怒等密切相关的情绪。能够真正了解自我感受的方式和内容，是培养情绪清晰度和情绪颗粒度的关键，这意味着能够以高度的精确性、细微度和特异性来区分不同的感受。这是一种能够准确地识别并标记自身情绪状态的能力。

测量你的情绪脉搏

在一天中，每隔一段时间，暂停手头的工作，问问自己：我感觉如何？用哪个具体的词可以描述我现在的心情？总的来说，我的精神状态是积极的、消极的还是中性的？如果你想更进一步，甚至可以在图表上标出你每天的感觉起伏，这样你就能更了解自己的模式，比如一天的安排、生活方式的特征，或者具体做了什么、听到什么、看见什么。一周后，观察你的每日图表：你的情绪水平有规律的高峰和低谷吗？你能发现什么因素总是引发积极或消极情绪吗？

准确识别自身情绪并非总是轻而易举。相反，出于一些原因，这可能是相当困难的事。有时我们很难区分相似的情绪，比如，内疚和羞耻，因为它们之间的差别相当细微。其他时候，我们不想知道自己的感受，所以我们使用防御机制来自欺欺人。我们有可能把感觉埋藏在潜意识中，或是有意识地排斥某些想法，从而压抑那种感觉，这个心理过程被称为“抑制”（suppression）。另一种防御机制名为“反向形成”（reaction formation），人们把不舒服的感受，或是一些不被接受的情绪换一种形式，潜藏在另一种行为或反应中，以隐藏真实的感受。（想想莎士比亚在《哈姆雷特》中的名言：“女人抱怨太多了。”）

在内心深处，不管是否有意识，这些防御机制都是自我保护的努力。我们可能在努力美化自己的形象，在他人面前保持体面，或是让自己保持某种更好的心态。深入的探索是有价值的，因为有研究表明，能够区分不同的情绪（如愤怒和悲伤）和比较相近的情绪

（如愤怒和恼怒），与包括积极情绪、自尊和情绪清晰度在内的情绪健康有高度相关性。

你的情绪颗粒度越高，你就拥有越精确的工具来处理可能会遇到的各种挑战，并从生活的积极体验中获得最大乐趣。正如东北大学心理学教授莉萨·费尔德曼·巴雷特博士在《情绪是如何产生的：大脑的秘密生活》一书中指出的，那些培养精细情绪体验的人“在调节情绪时灵活度更高”，他们的大脑有机会校准某种反应，以适应任何特定情况下的生理和情感需求。换句话说，被命名的具体情绪比模糊的、自由浮动的情绪更容易管理、接受或回应。难怪情绪颗粒度更高的人很少怒形于色，或是借酒消愁——他们更可能在恶劣的情绪体验中找到积极的教训。情绪颗粒度高的人在面对压力时也比情绪颗粒度低的人更有弹性。这在一定程度上是由于，越能准确识别自己的情绪，就越容易处理它们，越不可能对它们过度敏感或过度反应。

加州大学洛杉矶分校的一项研究发现，人们在20分钟的表达性写作中把自己的感受用语言表达出来后，功能性磁共振成像扫描结果显示，这种标记情绪的做法有助于将情绪与其他功能整合到一起，调节运动活动脑区（右前额叶腹外侧皮层）的神经活动增加，同时，杏仁核（处理恐惧和焦虑的指挥中心）的神经活动减少。相比之下，那些针对非情绪性话题写作的人的大脑活动没有发生这样的变化。写作过程持续了8周，然而，在最后一次写作结束长达3

个月后，那些表达性写作参与者的大脑的变化表明，他们对生活的满意度有所提高，焦虑和抑郁程度有所降低。

认识自己的感受还有一个隐蔽的好处，你会更容易遇到合适的人并与他们建立情感上的联系，从而获得亲密感或慰藉，这样你就不会在遇到挫折时感到孤独或崩溃。这里有一个很好的例子。去年夏季的一天，政治形势剧烈动荡，华盛顿的一位教育家在社交媒体上发布了这样一条信息："我的情绪需要这些移民。立刻马上！"她一直对无证移民（特别是与父母分离的孩子）受到的不人道待遇感到愤怒和绝望，并且毫不避讳地表达自己的感受。几分钟内，她就发现还有许多人有同样的想法，于是他们开始集思广益，想办法支持被拘留的移民，甚至陪同他们出庭。认识和表达自己的感受有助于减少孤立感，找到改善情绪的方法，比如努力帮助社区中那些处境悲惨的人。

比起不了解自己的感受，认识自己的感受的好处有很多。情绪颗粒度较低的人，在面对坏情绪时，反应性会更强。这种高反应性会导致他们牢牢抓住自己的消极情绪或者不停地反刍情绪，从一切想得到的角度反复思虑造成压力的情境或问题。这两种做法都会使他们很容易陷入沮丧情绪的兔子洞，采取不当应对机制。

让我们假设你一直在四处奔走，告诉自己（和别人）你的压力水平已经到了第 N 级。如果你沉浸于回味精神和身体上的疲惫和紧张，最终你很可能会感觉更糟；最后你甚至可能试图用几杯鸡尾酒、几杯葡萄酒或一顿美餐来麻痹那些不好的感觉，但这两种方式都不会让你感觉更好。但是，如果你深入情绪的本质，意识到自己确实感到焦虑或不知所措，你可以试着确定这种感觉的具体来源（可能是即将发生的事件或太繁重的工作任务），并思考你可以做些什么直接解决问题，改善状况，从而处理或化解不愉快的情绪。

学会释放你的情绪

有些人可以通过自由联想清除头脑中的蜘蛛网，就像打开一间发霉的地下室的门，让光线和新鲜空气进来。如何进行自由联想？你可以停下来想一想，在一整天中，你对每段时间里做的事，读到、看到或想到的内容有什么感觉？

如果你想到一个笼统的词，比如压力、焦虑或愤怒，请深入挖掘，问问自己，你同时可能还有什么其他情绪（可能是恐惧或烦躁）。如果你在私下里未经思索高声说出自己的联想，你可能会发现，脱口而出的正是你真实的想法或感觉，你揭开了需要耗费大量精力才能将其压抑的内在情绪。这样做，真的可以打开你的情绪箱子，或者解开占据你内心空间的情结。

当你抽象地思考这个问题时，很难确定具体的感受。你可能只看到一团旋转的情绪迷雾，如“可怕”或“不祥”，而没有识别具体的情绪感受。为了弄清你的感受，花 5 分钟浏览下面的“词语云”，不要超过 5 分钟——这样你便没有时间去过滤自己的反应。选择与你最近的情绪状态最相符的情绪词语。

乐观
恐惧 沮丧
后悔 恐慌 羞愧 厌恶
迷惑 积极 坚定 愤慨
敌意 同情 冷漠 不信任 悲痛
接纳 悲伤 烦恼 震惊 痛苦
坚决 兴高采烈 热情 无私 紧张
孤立 宽容 失望 不受尊重
乐观 自我批判 充满希望 情绪化 乐观
愉悦 慈悲 沮丧
疏离 无助

如果浏览这些词语唤起了你的其他感受，或是符合你情绪状态的词语不在其中，那么把它们写在下面的空白“词语云”中。再用 5 分钟思考一下自己最近的精神状态，并用短语、图画或单词记录自己的经历。这是一个机会，让你在没有任何限制和要求的情况下，把自己的情绪状态个性化。如果一开始感到困惑或茫然，想想最近你对个人生活或世界舞台上发生的事件或出现的情况有何反应。在无人审视时，尽可能诚实地反映自己的真实感受——自由联想，不去评判、审查或修改你写下的东西。

完成清单后，观察你写下的词语的顺序，词语的含义是不是从彻底的消极变得越来越有希望？它们是否描绘了一种内在的紧张或摩擦，在各不相同的感受之间来回摆动？如果所有的词语都是积极的，想一想你是否可能在某种程度上否认现实，只关注表面现象，而不关注隐藏在表面之下的情感？另外，请考虑你是否有这样的反应模式：最先产生一种浅表但真实的感受，接下来又产生了更复杂的想法和感受？如果是这样，想想你在生活中是否为自己留有足够的反思时间。如果你最先想到的词或短语是高度理智化的，这可能意味着你与这个世界打交道时稍微进行了一些伪装。如果你能对自己的情绪有更深入和熟悉的了解，你将从中获益。

不久前，我在马萨诸塞州的克里帕鲁瑜伽与健康中心举办了一场研讨会，探讨了气候变化对心理的影响。为了帮助 40 名参与者了解当前气候危机引发的各种情绪，我让他们分别写下听到“气候变化”时联想到的任何词或短语。我请他们不要修改或评判自己的选择，只需要在 5 分钟内把联想到的内容记录下来。练习结束后，我请他们两人一组，讨论各自的清单，梳理其中出现的主题和想法。参与者对于这些知识很感兴趣，也很兴奋，他们开始非常投入地练习。当我通知讨论时间结束时，他们还意犹未尽。

当人们意识到自己是如何受到情绪影响的，以及在表面情绪之下还有多少被抑制或压抑的情绪时，一场集体顿悟便产生了。自我发现的过程令人振奋。通过创造并与他人分享自己的“词语云”，他们能够确定，哪些人是他们的天然盟友，哪些人对某个问题有相似的反应。这对每个人来说都是一次具有启示性的经历。

我手写我心

大量研究证明了表达性写作的好处，尤其用表达性写作来处理压力、创伤、焦虑和失落时。正如得克萨斯大学奥斯汀分校的著名教授詹姆斯·彭内贝克博士反复表明的那样，这种做法还可以帮助你更好地识别和处理自己的情绪。这是完全可以靠自己做到的事，不需要别人的监督。彭内贝克建议你在一天中找一段时间，在一个不受打扰的地方，把最近发生的或对你仍有影响的情绪体验写下来，至少持续写 15 分钟。使用纸、笔或电脑都可以。

如果你需要一些提示才能开始，那就问问自己：我在想什么或过分担心什么？我一直放不下的愿望是什么？在我的生活中，我一直在回避什么问题或感觉？不要担心拼写、语法或标点符号错误，也不需要修改；只要让你的情绪通过笔尖流淌出来。连续这样写上三四天。之后，你可以选择继续或放弃，也可以按照自己喜欢的任何方式去写。这项写作练习只为了给自己看。这是一种让你更深入地了解自己的情感生活的方法。

情绪叠加效应

如果释放情绪引发了另一系列情绪，不要惊讶。有一种现象叫作“元情绪”，你可能会发现自己对恐惧感到愤怒，或者对焦虑感到悲伤。你可能没听说过这个术语，但元情绪反映了你对自己感受的感受或反应。元情绪是一种次生情绪，是对某种主要情绪的反应，它属于叠加或附加的情绪，但不一定紧跟在初始情绪之后，它可能在初始情绪产生数小时甚至数天之后才出现。

例如，你可能会因为自己嫉妒一位同事晋升而感到羞愧，也可能会因为在一个场误会中对伴侣发怒而感到内疚，还可能对自己一天到晚重复查看新闻感到恼火——这种习惯令你感到焦虑不安。问题是，当你为自己的焦虑或愤怒感到恼火或内疚时，它会加剧你的初始感觉和情绪炎症。现在，你有了三个互相强化的问题。

无论产生的形式和时机如何，元情绪现象实际上是相当普遍的。圣路易斯华盛顿大学的研究者让来自社区的 79 名成年人连续 7 天跟踪自己的情绪和元情绪反应，结果发现，53% 的参与者报告了元情绪体验。他们的元情绪每周大约出现两次，对负面情绪（如抑郁）产生消极感受是最常见的。有趣的是，对痛苦的容忍也是一种元情绪，因为它反映了一个人容忍或接受自身负面情绪的能力。对痛苦容忍度低的人往往难以处理沮丧或焦虑情绪，这就是他们的身心机能会暂时受到负面情绪损害的原因。

与生活中的许多问题一样，父母对情绪的观念和应对方式对你识别和容忍自身情绪，特别是负面情绪的能力有着深刻影响。一些父母更容易接受和支持孩子的恶劣情绪，采取“教练”的方法，跟孩子讨论和确认他们对痛苦事件的感受，并把这变成培养亲密感和了解情绪的机会。相比之下，有些父母具有“情绪排斥”的风格，他们不认为情绪是重要的，他们倾向于忽视、否认或消除孩子的情绪。研究表明，采取情绪教练方式的父母的孩子，比起采取情绪排斥方式的父母的孩子，更不容易受到情绪问题的影响，他们拥有更强的情绪调节技能，对情绪的整体理解也更好。这些情绪模式其实是属于家长的，但孩子们在很小的时候就将其内化，通常将其保留到成人期。

40 岁的朱莉是一名艺术家，在她的原生家庭里，父母对孩子没有情感上的关注和付出，部分原因是他们把太多注意力放在自己的成人世界。当朱莉为即将进入一所新小学而担心时，当她遭到兄弟的恶意嘲笑时，或是因学校里刻薄女生的行为感到恼火时，她的父母常常会对她说“别那么敏感！”或者“脸皮厚一点儿！”，于是，朱莉会为自己的情绪反应感到羞愧。这个剧本被她不知不觉地内化了。后来，当她在大学时期和 20 多岁的时候又遇到令人不安的挑战时，这个剧本便在她脑海中播放。直到 30 多岁开始接受治疗，她才意识到，自己并不像父母说的那样过度敏感，而是一个很注重感情的人，只在偶尔焦虑时才会变得敏感。一旦改变了自己头脑中的标签，她就更容易识别自己更深层次的情感，不去评判它们或对它们做出负面反应，这反过来又提高了她应对情绪的能力。

这并不奇怪，因为严厉评判自己的感觉或行为会带来一种压抑的感觉，导致你采取原始的方式进行防御或保护自己，虽然这种方式并不适宜。例如，在应对冲突时你感到焦虑，继而为这种焦虑感到尴尬，这样一来，当面对一个你觉得具有威胁性的人时，你会畏缩不前，不敢面对。或者，如果曾被父母或别的权威角色轻视，因而产生羞愧感，那么，当一位同事不同意你在会议上提出的观点，你可能会不自觉地按照以往的感受理解这一情景，而不是请同事予以澄清；或者你可能怀疑那个人是故意刁难你。同时，这些对自身感受的负面评价会从根本上限制你的思维能力和问题解决能力。它们会让你陷入一个负面情绪的恶性循环，这不是你想要的结果，对你也没有好处。

这些例子其实表明：事实上你没有问题，问题在于你对自己的情绪的反应。解决办法是停止评判自己的情绪，这样你就能告别一直深陷其中的情绪低潮。你会对自己的感受更加开放和接纳，并接受这样一种观念：你可以选择健康的、建设性的途径理解或利用这些情绪。

从另一个角度看，如果你不了解自己的感受，就好像你认为可以不打开一个电器的外壳，就能观察里面的零件并找到问题修复它。审视你的真实感受，从表面到内心深处，可以激发灵感，找到解决困扰你的问题的办法。当你发泄或释放情绪时，它们通常不再那么让你不知所措或恐惧。在意识层面，这是因为当你发现真正困扰你的事情时，你可能会意识到，它并不像你所担心的那么严重，也许它比你想象的更容易解决。给模糊的、黑暗的、无名的威胁贴上标签，可以减轻它对你的控制力。如果你经过深思熟虑，可以将其变成一个或一系列可以管理的潜在挑战。

在潜意识层面上，给内心体验贴标签，实际上是一种有趣的方式，“把感觉用语言表达出来”，会减弱杏仁核对负面情绪刺激的反应，进而降低你的情绪的反应性。这样做还可以激活负责控制冲动和情绪反应的脑区（前额叶皮层），负责集中注意力的脑区（前额叶皮层和顶叶皮层），参与计划、推理和其他高级大脑功能的脑区（前额叶皮层）。换言之，事实上，你是在降低反应性强、情绪化高的脑区的活跃程度，同时强化平静、冷静和理性脑区对当前问题的影响力，这是情绪调节的双赢局面。另外，给一种情绪贴上标签而不去评判它，能让你与情绪本身保持一定的距离。通过认识自己的焦虑或愤怒，情绪就变成了一个与你有些距离的存在，而不是一种可以吞噬你的感觉。这与正念练习的原理是一致的。然后，当你能客观地看待情绪时，在原始情绪和具有完整人格的你之间就存在一些空间，你可以选择如何与情绪互动，对其做出何种反应；你不必被情绪占据。因此，在标记情绪时，要说“我感到焦虑”或“我感到愤怒”，而不是说“我焦虑”或“我生气”，这一点是很重要的。

你的感受并不是你自己。因此要明智地选择你的话语！

拓展你的情绪词语

学习尽可能多的描述“感觉”的词语，有助于提高你的情绪颗粒度。如果你感受到“坏”情绪，不要就地止步，深入挖掘，直到你搞清楚这种感觉是丽莎·费尔德曼·巴雷特所说的“50种情绪阴影”中的哪一种，无论它是愤怒、恼怒、气馁、害怕、易怒、阴郁、恐惧、不安、愤恨、嫉妒、悲伤还是其他什么。

关注书籍、电影、播客等媒介中使用的情绪词语也有助于扩大你的情绪词汇量。如果你不清楚沮丧和气馁的区别，去查字典。然后，努力在生活中准确地使用与情绪相关的词。

归根结底，回避或不审视自身感受与看清感受之间的区别，就像夜间沿着雾蒙蒙的道路驾驶汽车与在晴朗的白天视野清晰地驾驶汽车的区别。当你确定了自己真实感受的内容和形式，你会获得远见、知识和洞察力，这些都能帮助你找到解决问题的方法，你可能会尝试采取补救措施，或是接受目前的心态，告别脑海中的一团混乱。在后一种情况下，问题就变成：我还能做些什么，从而让自己

更耐受这份感觉，或是恢复情绪平衡？你可以静坐，深呼吸，想象你的焦虑和屈辱消失在空气中。你也可以到户外快走，把感受写进日记里，或者画一幅画来表达（不需要艺术天赋）。每一种情绪都没有完美的发泄渠道，每个人喜欢的策略可能也不一样。

当然，长远来看，我们最终的目标是搞清楚如何调整和管理自己的情绪，特别是那些令人痛苦的情绪。要做到这一点，我们应该能够倾听自己的情绪，看到它们的斑斓色彩，而不仅仅是黑白两色。绝大多数人，甚至是那些患有述情障碍的人，都能提高标记自身情绪体验的能力。这是平息情绪炎症的第一步，也是至关重要的一步，因为除非能诚实而准确地识别你的情绪，否则你不可能想出如何建设性地处理它们。

恢复任务清单

利用一天中的空闲时间检查你的情绪脉搏；感受你有什么感觉，尽可能具体地描述你的情绪。

扩大你的情绪词汇量；区分你是感到悲伤还是疲惫，焦虑还是恐惧，愤怒还是烦躁。另外，要关注在书籍、电影、电视节目和播客中出现的感觉词语。

识别你对自己的感受产生的感觉，即你的元情绪，并考虑这些次生情绪在多大程度上加重了主要情绪。

培养对自身情绪的接纳，不去评判它们。问题往往不是你的情绪，而是你对情绪的反应。

第五章 评估你的情绪诱因

我们不是情绪的受害者。我们可以理解自己的情绪诱因，以之为工具，做出更客观的反应。

伊丽莎白·桑顿，英国-加拿大作家

爱丽丝在一个不幸的家庭中长大，父母都酗酒，其中一个脾气暴躁。后来爱丽丝嫁给了一个充满爱心、乐于助人的男人，和他一起养育了两个适应性良好的孩子。她是一名健康顾问，拥有一份有前途的事业，拥有一个积极阳光的朋友圈。她热爱健康、积极的生活方式，这让她感到身体强健，充满活力。她自己也承认，生活是美好的。所以她不明白为什么在 48 岁的时候，自己第一次在白天感到紧张，夜晚睡不着觉。

当问及她特别担心的事情时，她列举了国家政治领导不力、爆发战争的可能性、枪支暴力、对人权的各种威胁等，总之，就是当下的一系列时事。爱丽丝承认她很害怕错过一些信息，所以每天都会查看电脑或手机新闻。小时候，面对家庭中可能发生的情绪变化，敏感地察言观色可以使她避开潜在的雷区。现在，循环播放的新闻使她持续不断地注意到现代生活的多变，此时，这种过度警觉使她陷入了情绪混乱。

我们都有可以导致自己情绪化或心理不适的情绪诱因，它们可能因人而异。有时我们有共同的诱因，比如看到一个孩子或动物受到伤害，被别人粗暴对待，或者被动收看了大量令人震惊的新闻。此外，个人经历、气质、文化、价值观、理念、个人信仰和其他使你成为“你”的因素，都可能会造就个体独特的情绪诱因。情绪诱因的共同点是，它们都能引发情绪，比如强烈的不适感或某种不稳定感，而且情绪爆发得非常迅速。

个人生活中的情绪诱因通常比全球化或抽象的情绪诱因更容易识别，因为在个人生活中，你可能会在别的家庭成员、同事或邻居的言行中看到过分挑剔的父母或严厉的老师的影子。个人化的诱因通常包含你重视的、令你沮丧或疯狂的信息。它们通常是过去的创伤、童年受到的忽视或其他形式的虐待的残留印象（甚至可能是一种情绪遗留）。就个人而言，一些常见的情绪诱因主题包括：

- 有人当众不尊重你，让你感到尴尬或耻辱
- 感觉被信任的人拒绝、遗忘或抛弃

- 有人明目张胆地试图操纵或控制你
- 在困难情境下感到无助、无力、不安全或迷失
- 当你需要帮助时，某人在生理上或情感上都不能给予你支持
- 别人为谋取私利而利用或剥削你
- 感到被轻视，自己的话语无足轻重，被忽视或被排斥
- 来自你特别重视的人的批评、评判或否定
- 感到被困在一个你无法忍受的地方或处境中
- 被你信任的人侵犯了隐私
- 你一直对某人慷慨大方，但他却让你失望或辜负你

例如，美国心理协会在 2018 年开展的包含美国 3458 名受访者的“美国的压力：Z 一代”调查发现，Z 一代（在撰写本书时，他们的年龄在 15 岁到 21 岁之间）报告说，他们从新闻报道中感受到的压力比一般成年人更大。枪支暴力（包括大规模枪击和校园枪击）、移民问题（包括移民和移民家庭的隔离和驱逐出境）以及性骚扰，是这一代人最大的压力来源。

同时，对包括我在内的一些人来说，阅读关于气候变化可怕影响的最新报告是最强大的压力源，它可能引发一场深刻的“生态悲伤”——对经历过或预期中的环境破坏或退化，包括对物种、生态系统以及重要自然景观的破坏深感悲痛。如果你珍惜在大自然中度过的时间，或者你不遗余力地保护环境和自然资源，你的情绪可能

特别容易受到生态灾难的影响。我参与的由美国心理协会和健康气候协会编制的2017年《心理健康和不断变化的气候》报告指出："一般来说，气候变化可被视为我们日常事务的一个额外压力源，对资源比较丰富的地区的人来说，气候变化是可以接受的，但对那些资源较少或已经承担着其他压力的人来说，气候变化足以成为一个引爆点。"

单一或复合的、个人的或普遍的情绪诱因会助长情绪炎症，而你甚至意识不到这一点。也许你难以每次都轻松辨别出引发你强烈的不愉快或痛苦情绪的原因，但是探索情绪基础结构的过程会让你在情感上更接近自己，从而帮助你获得力量、韧性和更好的应对技巧。正如瑞士精神病学家、分析心理学的创始人卡尔·荣格所说："除非你把潜意识转化为意识，否则它会决定你的生活，而你把这称为命运。"这不是你想要的！我们的目标是让一束光照射到你头脑中较暗的地方，从而解构围绕在你周围的难以言明的恐惧。在本书的指导下，你可以安全抵达这个目的地。

回顾你的历史

你原以为自己的心态很平稳，可是你的情绪或心理状态突然偏离了轨道，而你想找出原因。是时候解开这个谜团了。回顾最近发生的事件，不管那是你看见的、读到的、听到的还是经历过的事件，试着追溯那个情绪激动的时刻，当时你有什么感觉？当时发生了什么？为什么你突然产生那种感觉？在你出现这种感觉之前，你在做什么或想什么？试着回想一下，感觉产生之前的最后一刻（那时你依然感觉良好），然后试着从那里展开，搞清楚在哪个时刻你的情绪或心态急转直下，在那一点上发生了什么。通过追溯情绪变化的过程，找到激发变化的原因，你将越来越擅长提前识别情绪诱因，这让你有机会穿上自己的情绪防弹衣。

在特定时刻，无论你能否准确发现情绪诱因，思考这些问题都会有帮助：过去，我在何时曾有过这种感受？是不是有一种模式使我产生这种感受？在我的生活中，还有什么情况能引发类似的情绪反应？我们都有过去的情绪遗留，很多遗留情绪都埋藏在意识深处。通过问自己这些问题，你可能会意识到，你刚刚在工作中遭遇的羞辱与你苛刻的母亲或父亲的刺耳言语遥相呼应；或者，你在电视上听到的带有偏见的政客的言语让你想起小时候见过的偏执邻居的丑陋姿态。你的大脑可能会将当前事件与重复出现的经历或关于过去的联想联系起来，去理解现在发生的事情。这种在过去和现在之间建立情绪关联的能力，在当时可能会让人难受，但实际上却具有高度适应性——这确实是人类生存机制的一部分，也是对他人产生同情心的基础。

如果你没有立即想起情绪诱因与过去的联系，不要沮丧，相反，要保持耐心。不久之后，你可能会出现一个“啊哈”时刻，想起过去和现在之间的联系。在其他时候，你可能需要像个侦探，更深入地探索，因为我们都有一种倾向，试图对自己隐藏痛苦的情绪诱因。这是一种自我保护机制：我们不想确切地知道这些情绪诱因是什么，或者我们不想知道具体是哪些事件刺激了我们。但是，能够探索并精确定位那些会引起负面情绪的人物、地点、词语或情况，能减轻这些情绪对你的影响，并帮助你了解如何建设性地处理它们。

哈佛大学心理学家苏珊·戴维博士在她的《情绪灵敏度》一书中指出："情绪会翻出旧事，把我们对当下事件的感知与过去的痛苦经历混淆在一起。"这一点尤其适用于当前的创伤和过去的创伤。只需要问问下面这些女性就知道了：许多女性在过去曾遭受过性侵犯或性胁迫，在"Me Too"运动曝出最多丑闻的时期，她们重新体验到了早期的创伤。然而，有时候这种联系并不明显或透明。有时，你可能会发现自己处于一种特殊的心理或情绪状态，却不知道自己是如何进入这种状态的，因为你没有意识到一直徘徊在脑海中的一系列联想。就好像有一根电线变热导致断路器跳闸或保险丝熔断，而你却毫无察觉；你找不到问题的根源，甚至不知道去哪里寻找它，但你的情绪反应却亮起了警灯。

在这些情况下，一个现在让你烦恼的状况会激活你童年甚至成年早期的不良记忆，它们会相互叠加或纠缠在一起。如果你小时候在学校或操场上受过欺负，并且在工作中经历过许多充满敌意的调侃或嘲笑，那么当你经历当前的创伤时，旧的创伤可能会被再次激活。如果你小时候被不现实的标准束缚，而现在的老板也是这样对待你的，你会备感不知所措，并出现同样的感受。根据你的反应模式，过去和现在混合的感觉旋涡可以放大此刻的感觉，甚至导致你对现在发生的事情反应过度；它也可能导致你在情感上和/或社交上自我封闭（这样你才能照顾自己的心理创伤），或者因为判断模糊而走错方向。

负面记忆具有强大的冲击力。研究表明，我们对负面记忆的印象比对正面记忆的印象更生动，特别是当负面记忆具有丰富的感官细节时。当然，不好的记忆会暂时被归档保存，它们不会一直在你脑海中浮现（至少我们希望不会）。但是，当发生的一些负面事件让你想起以前的某件事时，你可能会觉得好像坐上了一列失控的火车，正被带回一个黑暗的地方。如果当前的情况引发了负面情绪，而这种负面情绪的阴影与过去让你不安的事件的特征非常吻合，那么，比起正面记忆，你的大脑将更容易找到负面记忆。大脑的这个功能相当于你用智能手机扫描二维码，就能立即获取正在查看的产品信息或计价器上的停车费。当涉及情感和记忆时，你的大脑会自动做到这一点，不需要任何努力或意识。

如果在你的原生家庭里，父母有虐待倾向或是心理不稳定，那么，你的老板或我们的政治领导人反复无常或刻薄的行为可能会引发一种特别的个人焦虑感；如果一个合伙人欺骗你或窃取过你的财物，那么关于金融机构运营者或特权阶层撒谎、欺骗、偷窃或从事其他不当行为的报道可能会更容易引发你恼火、愤怒、厌恶或无助的感觉；如果你的父母有过量饮酒和不负责任的行为模式，你可能会发现自己对周围人在社交聚会上的饮酒量高度敏感，这可能会让你非常不安，因为你担心有人会耍酒疯或无法开车回家。这就是情绪诱因造成的影响，无意识的思维建立了我们意识不到的联系。

通过审视和剖析当前的情绪状态，并思考过去发生的事是否正在刺激你的反应，你可以梳理清楚，哪些感受属于此时此地，哪些感受不属于此时此地，从而获得对自身感受的洞察力，更好地管理感受。（事关情感幸福，我们有时候真的有着完美的后见之明。）或者，你可以进行理性思考，而不是听任情绪摆布。把过去的创伤和现在的情绪诱因在意识层面联系起来，可以帮助你理解甚至预测可能导致情绪炎症的问题或情况。这样，你就不会措手不及了。

了解你的情绪开关

现在是时候通过探索当下的心理状态来揭开“你”的神秘面纱了，把这看作一次冒险，一条通往更深刻的自我理解和自我同情的道路，以及对“你”的复杂性的更广阔的认识。了解现代世界那些容易激怒你或使你不安的事情，在想象中戴上安全帽，深入你的心灵深处，看看意识层面下潜藏着什么。（你也许希望和一个值得信赖的朋友或伙伴一起做这件事。）考虑你对以下主题的真实感受，不要被是非对错、政治正确所影响，看看你先入为主的想法或感受是什么；只需要在自由联想中让真实感受自然流露。在阅读下列词组时，记下你脑海中出现的前 3~5 个词组（不要修饰或改变自然出现的信息）：

- 气候危机
- “Me Too”运动中的丑闻
- 大规模侵犯人权行为
- 政治腐败
- 种族、宗教、性别或政治歧视
- 环境威胁（影响人类的毒素）
- 财务不稳定
- 自然灾害（野火、洪水、风暴）
- 国际关系动荡
- 本国的社会分裂
- 仇恨犯罪
- 核武器威胁
- 枪支暴力

如果其他时事正在引发你的情绪炎症，请写在下面：

____

____

情绪诱因反应举例

如果你感到左右为难，思维僵化，无法想出准确的词语来描述你对上述提示的反应，不要担心。做一个深呼吸，仔细阅读下面的反应举例。与其让别人的反应触动或影响你，不如试着让它们启发你的灵感，打开你真实感情的闸门。

- 虐待儿童——恶心、悲伤、恐怖、愤怒
- 极端民族主义——被威胁、不安、沮丧
- 政治僵局——烦恼、脆弱、茫然

现在轮到你了！

完成你的列表后，给每件事可能对你产生的影响程度打分，从 0 分到 3 分（0 表示无影响，3 表示影响强烈）。打分速度要快，这样你就没有太多的时间去思考，也没有太多的时间去评估你的本能反应。一旦完成了这项工作，根据这些诱因对你的影响程度，把它们从 3 分到 0 分依次排列。这会让你了解最近你可能会被什么事情激怒。回顾你最近的情绪列表（见第四章），想想它们跟你最强的情绪诱因有什么关系，可能会有启发。

如果你想探索得更深一些，请想一想你对上述某些情绪诱因的反应。比如，当你想到“Me Too”运动中的丑闻时，你会感到厌恶、受侵犯、悲伤和被威胁，然后想想过去是否发生过一些事情，曾经唤起过类似的感受。如你所见，情感伤害或者旧日阴影会让你现在很容易受到类似的侮辱和攻击。就好像你的意识底层有一堆情感余烬，随时都会被轻易点燃。如果你听到一个令人沮丧的消息，发现自己的反应出奇强烈，想想还有什么事能让你像这样一触即发，或者这条消息是否以某种方式打开了潘多拉魔盒，使你深陷其他恐惧和担忧的深渊中。也有可能，一次较为表面化的情感创伤正在愈合，而当另一个烦恼出现时，结痂被揭开了，伤口再次流血。

对情绪诱因有所反应时，我们经常在身体内部体验到情绪，有时候，身体比头脑更快发现这些情绪。所以，如果你无法用文字准确表达感受，可以试着扫描自己的身体获得线索。芬兰研究人员对来自西欧和东亚的 701 个人进行了一系列跨文化研究。他们让参与者观看各种各样的单词、故事、电影，或者面部表情，然后给参与者全身感觉增强或减弱的区域着色，着色的区域表示他们接收到某一个刺激时感觉增强或减弱的区域。这项根据情绪标记身体感受的操作揭示了愤怒、恐惧、厌恶、快乐、悲伤和惊讶等基本情绪与上胸部活动感觉的增强有关，这可能反映在呼吸和心率的变化上。手臂和躯干的感觉增强与愤怒有关。手臂和腿部的感觉减弱与悲伤相对应。肠道（消化系统）和喉咙的感觉增强主要与厌恶相关。最引人深思的启示是，这些影响是跨文化的。

因此，如果你有一种心理障碍，使你很难识别自己的情绪诱因（有些人潜意识中这样做是为了回避情绪痛苦），那么关注你的身体感觉可以找到线索，让你明白自己正在经历什么。即使你已经高度适应了自己的情绪反应，有时它们也会悄悄影响你，在你意识到真正的诱因或自己的反应之前，你可能会体验到一种特殊的身体感觉。这是因为，我们对于容易体验到的反射性情绪状态都有盲点。

不久前，艺术管理顾问苏珊娜在一次家庭聚会上体验了这种现象。20多岁时，她的原生家庭内部发生了戏剧性的动荡：父母因欺诈被起诉，随后申请破产并离婚；妹妹吸毒，需要长期在戒毒所戒毒。幸而苏珊娜未被卷入其中。尽管她在家庭的巨大损失中留下了情感伤疤，但她最终成了一个情感适应良好的成年人，有着健康的婚姻、三个可爱的孩子和成功的事业。随着时间的推移，她甚至与需要情感支持的父母建立了牢固的关系。他们两人都再婚了，但都在情感上非常依赖她，仿佛她是承担家庭责任的那个成年人。值得称赞的是，苏珊娜很清楚他们的错误和缺点，并且非常善于预见潜在的戏剧性事件，进而回避或应对这些事。

然而某一天，她的父亲带着第二任妻子来为苏珊娜庆祝45岁生日，在新闻上滚动播放的有关最新内幕交易指控的谈话中，苏珊娜的情绪有些失控了。此时她父亲突然改变了话题，说了一些令人吃惊的话，他篡改了家族的历史，使自己像一个受害者，而不是那个犯错的人。突然，苏珊娜开始感到手臂、腿和躯干冰冷颤抖，她意识到自己即将经历一场激烈的情绪爆发：焦虑、激动、愤怒。为了避免情绪炎症发作，就像自己在20多岁时常常经历的那样，她结束了谈话，转身去处理厨房里的事情。

这是她能为自己做的最好的事。离开激发情绪的场景，可以在情绪变得过度激烈之前切断情绪。如果没有注意到这些身体反应，她可能完全不知道发生了什么——直到情绪炎症全面爆发。

往日创伤的教训

更好地处理当前创伤的方法之一是，回想从前某次（或两三次）经历过的精神创伤，或是感到不安和陷入僵局的时候。记住，只要付出努力和时间，你就能处理过往创伤并超越它们。现在，与其等着时间过去，不如回想一下，试着找出过去使你从情感创伤中恢复的一些重要行动。这可能是一个非常重要的路线图，帮助你搞清楚通常可以用什么方式处理创伤。如果你能做到一次，就可以做到第二次。在一定程度上，这份韧性是由你的信念和信心创造、决定的：你坚信自己可以做到。但是，如果你真的在独自挣扎，不要犹豫，去寻求专业帮助。

识别内部诱因

当你考虑可能导致情绪炎症的各种力量时，明智的做法是，不仅看见外在发生的事，还要考虑你的内在世界，特别是你的想法。有时，你对自己看到或听到的、对别人所做的、对过去发生或将来可能发生的事件的想法，会引发某些情绪或放大情绪。哪怕是一个转瞬即逝的念头，或是你看到、听到、闻到、尝到某些东西后脑海中浮现的一个意象，也会引发一连串的思维联想，使你陷入情绪化的兔子洞中；然而，你可能并没有意识到这个链条。一场梦留下的感觉也会让你第二天情绪失控：在一场噩梦或梦魇后，一些人醒来后感到解脱，但另一些人可能会有一种沉重或黑暗的感觉挥之不去，一天的情绪都被扭曲，朝着梦中的基调发展。

此外，你思考或评判自己感觉的方式可能唤起第二层情绪（元情绪）。如果你告诉自己，你因为太累而拒绝参加某个活动邀请是自私的，那么这种认为自己自私的想法会让你在拒绝之后感到内疚，继而引发其他不愉快的情绪。同样，陷入情绪化的推理，根据情绪反应就相信一些事情的真实性，会强化你现有的感觉，进而引发第二层情绪。如果你对自己说，你对工作束手无策、无法应付，这种想法会加剧你的焦虑。

这就是为什么相比表面化地接受消极想法（被它们搞得心烦意乱），更明智的做法是养成质疑这些想法真实性的习惯，考虑是否应该用更准确的想法取代它们。大多数人倾向于严厉评判自己，他们是自己最糟糕的批评家，真的，有时简直就像在对自己千刀万剐。这是对自身价值缓慢而痛苦的贬低。关键是，你不必相信你所想的一切，也不必让你的想法操纵你的情绪。有时你的想法可能是偏离真相的，扭曲的或者完全错误的（即各种形式的认知扭曲，你将在第七章中了解更多），在这种情况下你会欺骗自己，毫无理由地感到心烦意乱。

另外，考虑这种可能性：如果生理平衡被某些因素打破，它会破坏你的情绪平衡，你会特别容易被情绪诱因影响。（你的生理平衡和情绪平衡确实行驶在一条双向车道上。）如果你昨晚睡得不好，如果你感觉不舒服或精疲力竭，如果你超过 4 个小时没有吃东西（这时你的血糖可能急剧下降），如果你被强光、噪声过度刺激，或者处在拥挤的环境下，你的情绪很容易被劫持并被带向一个不愉快的方向，或者你的情绪变化可能被这些因素放大。事实上，约翰斯·霍普金斯大学医学院 2017 年的一项研究发现，人们如果在睡眠中每小时（持续 8 小时）被迫唤醒一次，会显著降低积极情绪，更容易受到消极情绪的影响。我们的情绪反应实际上是许多动态因素的产物。

此外，生理年龄会影响你对各种情绪诱因的反应。加州大学伯克利分校的研究人员让年轻人、中年人和老年人观看以唤起强烈悲伤、厌恶或中性情绪为目的的电影，参与者对悲伤刺激的反应有相当大的年龄差距，但对引发中性或厌恶情绪的电影则没有。40 多岁的人在生理上（血压升高）和情绪上对悲伤电影的反应比 20 多岁的人更强烈，60 多岁的人的悲伤反应最为强烈。该理论认为，可能是因为随着年龄的增长，人们在生活中经历了更多或更严重的个人丧失或社会性丧失，这会增加他们对悲伤刺激的反应。从另一个角度看，悲伤的经历或丧失的经历遵循类似的情绪反应路径，会增强我们对未来刺激的敏感度。

诚然，把情绪诱因带到意识层面可能会让你不安，甚至有些痛苦。但这样做有很多心理、社会和情感上的好处。首先，识别情绪诱因可以适度缓解情绪，因为一旦诱因有了名字、形状、轮廓、颜色、图像甚至表情，它们的威胁性就比不确定的、不可预测的、邪恶的力量要小很多。一旦你意识到是谁或什么事物让你感到不安，这些煽动者和鼓动者就会失去一部分力量或控制力。你也许能看到它们从远处走来，提前预测它们的到来，或者在它们出击时立即识别，并找到聪明的方法来接受、躲藏、回避或解除它们的武装，以保护你的情绪平衡。如果知道浏览社交媒体或每日线上新闻常常会激起你不愉快的情绪，你可以选择不看那些信息（至少不要经常看）。此外，意识到引起情绪炎症的因素并与伴侣分享（反之亦然），你们可以深入了解对方，并采取措施避免按下对方的敏感按钮或拉动那些引发不安的触发器。

这个主意并不是为了避免所有负面情绪或潜在冲突而采取鸵鸟政策，而是要针对影响你的情绪诱因发展出选择力和判断力，这样你才能利用情绪能量。这一点尤其重要，因为很多人和事是我们必须面对的。面对那些确实无法避免的情绪诱因，你希望承担责任，增强情绪力量，保持与刺激性影响的清晰界限，并用思想和行动来降低自己的反应性（你将在接下来的章节中学到更多）。你可以这样看，在一个感觉完全失控的世界里，识别情绪诱因是重要的自我保护，是一种越来越有价值的本能和行为。

恢复任务列表

试着追溯你的情绪变化过程，找到那个诱发时刻。也许是你看到、读到、听到或经历的某些事情，在那个时刻，你的情绪失控了。

考虑过去的情感创伤是否影响了你对当前处境的反应模式，加剧了情感炎症。

注意身体的感觉，如体温变化或颤抖。在特定情况下，这可能意味着你的情绪已经或即将被触发。

对生理平衡被打破的情况保持敏感。如果你累了，饿了，或者受到过度刺激，可能会放大你的情绪反应。如果你解决了生理问题，情绪可能也会得到拯救。

第六章 稳定身体的自然节律

我们的身体是一个精密的时钟，它很准时，但是如果频繁或轻率地调动它，闹铃就会变得不准。

约瑟夫·霍尔，英国主教、讽刺家和道德家

人体是一台设计精密的机器，由大自然精心调节。大约 37.2 万亿个细胞必须昼夜协同工作。你有没有停下来想一想，这一切是怎么工作的？或者是什么让这些活动部件有序运行的？最近，科学家的开创性研究表明，每个细胞都有自己的计时器，我们可以把它看作细胞的本地时钟。在大脑深处的下丘脑，有一个主时钟控制着所有的本地时钟，确保每一个时钟的设置都互相吻合。这一协调使复杂的生理过程与昼夜交替周期、地球自转 24 小时的光线变化同步，被称为“昼夜节律”（circadian rhythm）。“circadian”来自拉丁语单词“circa”和“diem”，意为“周而复始”和“白天”。这个内部过程调节着人体的睡眠–觉醒周期和许多其他功能。

主时钟（我们把它看作昼夜节律中枢）向全身发送激素和神经信号，使细胞的时钟与昼夜、明暗的生命周期同步。在连续性的基础上，主时钟可以根据视网膜感光细胞发出的信息来确定它的时间，感光细胞记录外部的光照条件，并通过专门的途径向大脑报告。

同时，细胞时钟保持本地时间，确保本地的各种活动都是准时的，并与其他细胞和器官适当协调。这解释了许多现象，例如：关键酶在特定时间产生，血压和体温调节、激素分泌、肠道微生物群中的菌群平衡、肠道运动都有特定的时间，等等。萨钦·潘达博士是加州拉霍亚市萨尔克生物研究所调节生物学实验室的教授，同时也是《昼夜节律密码》（*The Circadian Code*）一书的作者，他指出，这些特殊的生物昼夜节律钟有助于“每个细胞计算出什么时间使用能量、什么时候休息、什么时候修复或复制DNA（脱氧核糖核酸）”，这些内部同步的“起搏器”有助于维持体内的生理平衡，以确保正常的身体机能和健康。

偶尔打断身体内部的计时系统，比如穿越几个时区，不是什么大问题。然而，正如潘达博士所说，“反复扰乱你的生物钟会对健康产生不利影响，身体的每一个系统都会出现功能障碍”。我们的内在生物节律调节机制相当于在特定时刻“敲开”每个细胞的门，告诉它现在是什么时间，应该做什么事。身体的昼夜节律调节基本激素的释放，包括皮质醇（主要应激激素）、褪黑素（为睡眠做准备）和血清素（一种让人感觉良好的神经递质），因此，它控制着你的睡眠、血压、疼痛反应、过敏反应、消化功能、免疫反应、情绪、警觉性、精力，甚至代谢药物的方式。如果你正在打乱昼夜节律及其协同作用（或同步性），那就等于你相信可以在没有卫星导航，甚至连张地图也没有的情况下开车去一个未知的地方，一路上有随机设置的障碍物，而你还能安全及时地抵达目的地。但这是不可能的。

你可能认为，如果自己不经常旅行，周末也不会在外面待到很晚，就不需要担心这个问题了。事实并非如此。许多人每天的生活和工作方式都与生理规律不符，这损害了我们体内生物钟的时序和功能。许多人都生活在严重的昼夜节律紊乱中，因为我们夜间曝露在太多明亮的室内光线和来自科技设备的光线下。这些不经意的选择，会导致宝贵休息时间的丧失。在某些情况下，也会让我们丧失用以恢复心理能量的重要时间，甚至失去体验敬畏或惊奇的机会。更重要的是，现在人们的睡眠习惯经常与生物钟不一致，有时甚至是非常严重的不一致，这使他们的生物钟偏离了轨道。结果，我们最终迫使自己的身体过度工作，或是效率降低，这对整个生命系统产生连锁影响。

举这样一个例子：在一个典型的周末，人们经常比平时睡得晚，起得也晚，比工作日更不在乎体内的生物钟。同时，人们在工作日的晚上曝露在明亮的灯光和数字设备的强烈蓝光下，这会导致内部时钟重置，因为明亮的光线愚弄了眼睛中的感光细胞，使其相信现在仍然是白天。这会抑制诱导睡眠的褪黑素的释放，使人更难入睡。无论是褪黑素释放延迟还是睡眠时间缩短，都会使得褪黑素在早晨持续升高几个小时——这也是人们在白天，特别是工作日，经常感到昏沉、迷糊、脾气暴躁的部分原因。

36岁的肖恩是我的一位病人。他是一位社会工作者，也是一位有抱负的作曲家，和女朋友住在一起。因为他的日常工作强度比较高，所以他经常熬夜做音乐。一旦创造力的源泉喷发，他便会一连几个小时写词作曲，因为他进入了一种“心流”状态，或者说他彻底沉浸其中。“心流”这个词是由心理学家米哈里·契克森米哈赖提出的，描述了一种完全融入你所做之事的最佳状态，这种状态会让你彻底失去时间感和空间感。当你处在心流状态中，将体验到令人难以置信的满足感，肖恩对此深有体会。但由于夜间被创造力驱动导致睡眠不足，他在白天会感到烦躁和紧张。不用说，对一般的工作者来说，这不是好状态。

除了睡眠不足和情绪激动，肖恩面临的真正问题是严重的社交时差综合征。社交时差（social jet lag）这个概念是2006年由德国慕尼黑的路德维希－马克西米利安大学医学心理学研究所的时间生物学教授蒂尔·伦内伯格提出的，描述了一个人社会时间需求和生物时间需求之间的不一致，也就是说，我们的生活方式和身体当时的需求之间存在差距。这已经成为现代生活中一种极其普遍的风险。当你跨越不同时区旅行时也会经历时差，但这是短暂的，当你的主时钟重新校准到当地时间就会终止。社交时差不需要你离开家，更糟糕的是，它可能会变成慢性病。你个人需要的睡眠时间和体内生物钟有一套时间规律——例如，你可能是早鸟或夜猫子，而你的工作、家庭责任及其他生活需求有另一套时间规律。当这两套时间规律发生冲突时，就会出现社交时差综合征。

在一项富有启发性的研究中，芝加哥大学的研究者对全美 24.6 万名推特用户的活跃模式进行了持续两年的分析，揭示了技术和社会压力如何影响我们的睡眠习惯和白天的功能。研究人员以 15 分钟为时间单位，对推特活跃度进行监测和分析，发现持续的低活跃度与充足的睡眠相关，但周末夜间推特活动停止的时间比工作日更晚。他们发现，美国人从工作日到周末，平均会出现 75 分钟社交时差，其中美国中东部地区的人比西部地区的人出现的社交时差更长。社交时差的严重程度也因季节而异，夏季发生的较少。

此前，在一项大规模的流行病学研究中，来自德国和荷兰的研究者分析了居住在欧洲的 65000 人的睡眠时长、入睡时刻和社交时差。结果发现，69% 的人有社交时差，工作日和周末的睡眠时长至少相差一个小时，还有 1/3 的人的社交时差达到两个小时或更长。这表明，人们的昼夜节律不断根据变化的社会压力被迫做出调整和适应。研究人员还发现，近年来，人们在户外吸收光线的时间大幅减少，而那些有社交时差的人更容易超重。

这并不奇怪，因为科学研究发现，睡眠不足、食欲调节激素水平和食物消耗增加之间有相关性。具体来说，睡眠过少会导致使人体感知饥饿的激素（胃饥饿素）增加，发出饱腹信号的激素（瘦素）减少。你不需要是数学天才就能算出这个等式：食欲调节激素的变化，特别是胃饥饿素的升高和瘦素的降低，加起来会增加食物的消耗。此外，社交时差会造成严重的代谢后果，显著增加一个人患代谢综合征（集合了多重风险，包括高血压、高血糖、腹部脂肪过多、高胆固醇或高甘油三酯）、前期糖尿病或2型糖尿病的风险，尤其是在成年人当中。肉眼看不见的代谢综合征会导致全身易发炎症，增加心脏病、中风和2型糖尿病的风险。

有趣的事实

巴黎常被浪漫地称为“光明之城”，但最早巴黎并不是一个光明的城市。在16世纪末，巴黎没有油灯和电灯，黑暗的小巷里罪行频发，犯罪率屡破纪录。国王路易十六忍无可忍，下令在大街小巷安装油灯，让市民更安全。巴黎成为世界上最早有夜间照明的城市之一——这便是“光明之城”的来源。一个蓬勃发展的咖啡馆社会由此诞生了。能够在天黑之后出门成为有地位的象征，因为这表明一个人有能力负担得起一盏私人油灯，并能生活在一个理想的、灯火通明的地区。

警惕生物钟紊乱的危险

毫不奇怪，社交时差往往与睡眠不足相伴而生，而后者本身就是一个问题。但是社交时差的症状也包括你在该睡觉的时候保持活跃和清醒，或者在应该警觉和专注的时候打盹，这两种情况都会使你的身心陷入迷失和不平衡的状态。昼夜节律紊乱是轮班工作与多种疾病有关联的很大原因，包括乳腺癌和前列腺癌、胃肠道疾病、心血管疾病和糖尿病。

但即使按照朝九晚五的时间表工作，你仍然可能产生社交时差，这会在生活的其他方面造成巨大的溢出效应。事实上，社交时差的影响是深远的，会导致白天过度困倦、学习效率受损、认知功能受损，甚至影响控制平衡的能力。此外，社交时差会对你的情绪和精神状态产生有害影响，可能导致情绪困扰，包括焦虑、抑郁和攻击性，以及不健康的行为，如过量饮酒、不良饮食习惯和体力活动减少。爱尔兰国立梅努斯大学的一项研究甚至发现，成年人的社交时差与注意力缺陷症状和冲动有关。换言之，社交时差可以放大许多不同形式的情绪炎症，助长焦虑、抑郁、躁狂、冲动和其他负面精神状态，而你甚至没有意识到这一点。

49 岁的人道主义援助工作者詹妮弗经常前往战乱国家和饱受自然灾害蹂躏的地区，她发现这是一条痛苦的道路。她的工作包括长时间、频繁的空中旅行，时不时与危险擦肩而过，长时间不能与丈夫和 3 个十几岁的孩子团聚。詹妮弗沉着冷静，富有同情心，遵循自然之道，但目睹的痛苦场面和听闻的悲惨故事给她造成了负面影响。她自己承认，她喝酒太多，睡眠不足，而且运动成瘾（尤其是跑步，她称其为“我的百忧解”）。

经过一次三天的叙利亚之行，詹妮弗的睡眠严重不足，回家的航班延误了 6 个小时，回到家时她感到心力交瘁。当丈夫对她大量的工作旅行和她在家庭中心不在焉的状态表达了怨恨时，她一反常态，很轻易就被激怒了。在他们的婚姻中，这已经成了一个不断重复的话题，以往詹妮弗并不会为此烦恼。但在这次旅行后，她对丈夫变得更加敏感。

没等詹妮弗恢复平静，40 小时后，她又开始了一场工作旅行。在那之后，社交时差（加上旅行时差）的循环又开始了。不知为何，詹妮弗仍能控制目睹的苦难对她造成的压力，在工作中依然保持镇定和干练。然而，变化无常的行程和大量的旅行打乱了她内在的平衡，最终到达了一个临界点，她变得异常好斗，要么就回避丈夫——这种反应方式对她来说既陌生又难受，当然，对她丈夫来说也是如此。

为了消除社交时差和情绪炎症的负面症状，人们越来越多地寻求药物帮助——使用兴奋剂刺激自己，希望能在白天集中精力，在晚上缓解焦虑或睡得更好。从 2006 年到 2016 年，美国处方兴奋剂的使用量增加了一倍。自 2000 年以来，抗抑郁药的使用量增加了 65%。从 2014 年到 2018 年，美国成年人使用苯二氮卓类药物（俗称“镇静剂”）的人数增加了一倍多。这些用药趋势没有真正解决问题，因为它们没有找到问题的根源，而且它们带来了另一系列问题，因为过量的药物使用促进了耐药性和依赖性。另外，药物的使用造成了一个不健康的反馈循环，在这个循环中，人们采取措施试图纠正自我破坏行为，希望能有更好的结果，但实际上只是按下了负面循环的重复按钮。

他们应该做的是采取措施恢复身体的自然节律。这里有一个恰当的例子：科罗拉多大学博尔德分校的研究者发现，健康人夏天去大自然野营，只需要一个周末，褪黑素便会提前一个半小时释放，而夜间褪黑素的峰值水平提前了一个小时到来。这些激素的变化让人们更容易入睡，整夜保持良好的睡眠，更容易睡到自然醒。换句话说，野营可以抵消现代生活方式的负面影响，从根本上重置身体昼夜节律，从而防止社交时差。

城市居民，振作起来：你不需要到森林里去才能获得这些好处。这些影响与在帐篷里睡觉无关，真正起作用的是，露营时你没有在晚上盯着发光设备，随意安排睡觉时间。相反，天黑后不久，你就要上床睡觉，早上太阳光的照射让你醒来。在自然阳光下度过白天——白天的自然光照量是你在夏天室内接收到光照量的四倍多——也有助于改善睡眠模式，让你在白天更精神。所有这些有益的方法可以在任何地方实现，无论你睡在大自然中、郊区还是市中心，只需要在太阳下山后调暗灯光，在太阳升起后尽早起床，让自己曝露在自然光下。

美国国家心理健康研究所做了一项小型研究，跟踪一组志愿者的睡眠模式受人造光影响的情况。志愿者们夜间在彻底的黑暗中待了 14 个小时（通常他们只在黑暗中待 8 个小时），没有曝露在人造光下。短短三周，他们的睡眠模式便得到了调整，他们以前经常一觉只睡 4~5 个小时，现在睡眠时间延长了一个小时，不过更显著的效果可能是，他们夜间的褪黑素分泌增加了。在随后的汇报中，参与者们报告说，他们从来没有这么清醒过，体验到一种“晶莹剔透的意识状态”。当我和我的朋友兼同事汤姆·韦尔博士讨论他的研究时，他痛心地问：“难道现代社会中的大多数人永远都体验不到完全清醒的感觉了吗？”

关闭电源，进入黑暗

瑞士日内瓦大学的研究发现，在夜间 9 点实行电子屏幕设备宵禁，可以让人早起，延长睡眠时间，增强白天的警觉性。这一效应背后的机制并不神秘：在晚上睡觉前使用电子设备（平板电脑、笔记本电脑、智能手机甚至电视）抑制褪黑素的释放，主要原因是这些屏幕发出的人工蓝光。正常情况下，大脑中豌豆大小的松果体通常在睡觉前两小时开始释放褪黑素。晚上曝露在任何强光下都能抑制松果体释放褪黑素，从而延缓睡眠。而蓝光的影响最大，因为它的刺激性很强。即使你不盯着屏幕看，如果有足量的蓝光照到眼睛，褪黑素也不会按时释放，你就很难产生困意。如果你像许多现代人一样，带着笔记本电脑、手机或平板电脑上床睡觉，那你就是自找麻烦：晚上使用的电子设备越多，就越难入睡和酣眠。

青少年特别容易受到此类影响，因为在青春期，他们的昼夜节律会在晚间略微延迟，这是自然现象。因此，看电视、跟朋友视频或者玩电子游戏都会进一步推迟睡眠诱导激素的释放，他们将更难按时起床上学。

让我们面对现实吧：我们生活在一个全天无休的世界里，我们很少完全拔掉电源或关闭电源，数字设备发出的乒乒声、叮当声、嗡嗡声和铃声已经成为生活的背景音。这可能对我们的心理和身体产生一种潜在的影响，部分是由于技术应激——保持警惕的待命状态，随时准备对接下来接收到的任何要求做出反应——但也由于发光设备对大脑的刺激作用。

办公室隔间文化在很大程度上使许多人在白天缺乏足够的自然光照，这会削弱我们的活力，干扰我们集中注意力的能力，损害我们的工作效率和情绪。更糟糕的是，不一致的睡眠–觉醒模式——要么睡得太少，要么睡得太多，入睡时间和起床时间毫无规律——进一步扰乱了我们的内部时钟。就像吵闹的青少年在父母不在家时开派对一样，我们违反了规则，没有意识到后果。但后果是存在的，我们的身体记录着造成压力和混乱的时间表，记录着对我们的身体经由进化形成的和谐节奏的漠视。

有趣的事实

直到 17 世纪中期，人类的睡眠方式与现代仍然大不相同。那时的人类都是分段睡觉的。从荷马的古诗《伊利亚特》到乔叟的《坎特伯雷故事集》，再到查尔斯·狄更斯的作品，医学文献、法庭记录、日记和文学作品中都曾经提及被分成“第一次睡眠和第二次睡眠”的分段睡眠。在这个世界还没有人造光照亮夜晚之前，当太阳落山时，人类和大多数动植物也开始休息。睡眠是由数百万年进化形成的一系列反应构成的。随着黑暗的加深，“第一次睡眠”使人们在睡眠状态中停留 4~5 个小时。接下来是 1~2 个小时的半清醒期，人们可能会沉思或放松，这段时间类似于冥想状态。接着再睡 4~5 个小时，这是第二次睡眠。最后，随着第一缕阳光照射大地，新的一天开始，人们也醒来了。尽管我们具有天生的睡眠方式，但我们欺骗自己，认为可以忽略进化形成的睡眠模式，而不会产生糟糕的后果。

恢复内部秩序

我们并不像自己想象的那样是宇宙的主人。技术的发展赋予人类这种虚假的掌控感，使我们误以为自己可以在任何时间、任何地点工作，在夜间随时打开灯，而不用承担任何恶果。而事实是，千百万年来，植物、动物和其他生物一直与宇宙的明暗循环同步。在人工照明发明工具之前，太阳是人类的主要光源，日落后，人们在逐渐减弱的光线中休养生息。

因此，他们通常有充足的休息或睡眠。幸运的是，你可以通过尊重你的昼夜节律来开启这些习惯。尊重身体的自然节律是保持身体和情绪平衡关键的第一步。身体有点像魔方：当各部分（或系统）处于正确的对齐状态时，改变一个部分会使其他部分失去平衡；你改变的部分越多，你的身体就越难达到和谐统一的状态，因为其他系统受到的影响是叠加的。有些人比其他人更善于修正身体失衡的状态，但我们许多人只能苦苦挣扎。

另一方面，与进化形成的方式和谐相处会带来生理和情感上的平衡，在我们的身体和思想之间，在所做之事和天赋功能之间创造良好的契合。尊重身体的自然节律有助于稳定情绪，增强抗压能力，减少身体疼痛，从整体上改善身心的感受和功能。这是平息情绪炎症的重要一步。

以下有一些方法，帮助你调整作息习惯，使之符合身体的内在节律：

- **遵守睡眠时间表。**建立一个规律的睡眠–觉醒时间表，这样你每晚大约在同一时间睡觉，每天早晨在同一时间醒来。偶尔改变一两个小时的就寝时间是可以的，但不要在周末多睡一个小时（除非你生病了）；否则，你会打乱第二天晚上的睡眠模式。
- **确定你的最佳睡眠时长。**大多数成年人每晚需要 7~9 个小时的睡眠，才能感觉良好，发挥最佳状态。一旦确定了自己需要的睡眠时长，你就可以确定早上需要几点起床，然后向后推算，设置一个合适的就寝时间；或者，你也可以先确定晚上通常在什么时间感到困倦，然后设置一个对应的起床时间。如果 8 个小时的睡眠对你来说是最佳睡眠时长，你可以选择晚上 10 点睡觉，早上 6 点起床；或者晚上 11 点睡觉，早上 7 点起床；或者晚上 12 点睡觉，早上 8 点起床。根据你更像一只云雀（一个早鸟）还是一只猫头鹰（一个夜猫子）以及你的工作日程要求，选择一种适合你的模式。无论你选择哪种模式，都要保持一致，这样你的生物钟才能持续有效地工作。

在你不习惯早睡的时候，怎么开始早睡是个难题。如果你的就寝时间从前不一致，而你希望以后在晚上 10 点入睡，一开始你可能感觉不到困意。睡眠专家有时会提供一个策略，每周把就寝时间提前 15~30 分钟，直到你能得到足够的睡眠，感觉到并发挥出最佳状态，同时确定适合自己的时间表。社会工作者肖恩就是这么做的。在我的建议下，他为自己设定的创作宵禁时间为晚上 11 点，11 点以前可以写歌，并逐渐让自己遵守一个一致的睡眠时间表。一旦他有规律地得到足够的睡眠，并且消除了社交时差，白天的情绪就会变得更稳定，他发现自己能更好地处理与客户一起工作时经常遇到的情绪摩擦。

- **让你的早晨更明亮。**早上起床时，让自己曝露在明亮的自然光下，以刺激清醒状态，提升你的情绪，帮助你校准昼夜节律。在户外快走或在阳光充足的地方吃早餐。如果你早上还在为把自己的生物时钟调整到“清醒”而挣扎，那就考虑买一个能发出 10000勒克斯[①] 的商业灯箱，用它来仿造一个阳光明媚的日子。人们发现，早晨吃早餐或阅读报纸、新闻时，在这样一个灯箱前坐上 30 分钟，可以变得清醒，改善情绪。你也可以选择在办公桌上放一个台式灯箱。

- **调整室内照明。**一项有趣的研究发现，早晨曝露在大量光线

① 勒克斯（Lux），照度单位。适宜阅读和缝纫等的照度约为 500 勒克斯。——编者注

下的上班族晚上入睡的速度更快。他们的睡眠质量和情绪也比那些早晨曝露在较少光线下的人更好，而且他们的抑郁情绪和压力更少。在“旧时代”，人类就是这样生活的。我们吸收了白天的光线，因为我们大部分时间都在户外。在现代，情况已经发生了巨大的变化，其后果可能远远超出我们的预期，甚至无法衡量。大多数人的工作不允许他们白天在户外待上几个小时，所以尽你所能捕捉白天的光线是很重要的——你可以在阳光充足的窗户附近工作，或者在午餐时间或休息时去户外散步。你不仅会更有效率、更专注，而且会感到精神焕发，抗压能力更强。

考虑和你的领导谈谈办公室里人工照明的质量，因为它也会影响你的感觉和工作效率。如果你渴望白炽灯泡温暖、舒适的光线，一只标有“2700K”的“柔白色”LED 灯泡会让你安心。在需要明亮灯光的商业空间，使用“亮白”或“冷白”（3500K~4100K）灯泡，或者“日光”灯泡（5000K~6500K），这样的光线让人高效、清醒、充满活力。K 值最高的是蓝光，特别具有激活效果，可以提高警惕性、反应能力和认知功能。相比之下，荧光灯会对情绪产生负面影响，导致一些人眼睛疲劳和头晕。而一些研究表明，曝露在红光下，可以提高下午的警觉性和表现。所以，你可以仔细观察一下你的室内人造照明的质量和类型。

- **为电子设备设定宵禁时间。**为了避免在晚上给自己造成社交时差，在计划入睡时间至少 90 分钟前实行数字设备宵禁。在指定的时间，关掉所有的数码设备，在夹钳阅读灯或微弱的琥珀色床头灯光下开始安静、放松的活动。毕竟，不仅仅是数码设备产生的光，周围的所有光线都可能影响你。事实上，睡前曝露在顶灯下可以使褪黑素释放时间推迟 90 分钟左右。

- **让夜晚变暗**。还有一个很好的理由确保你的卧室（或者你睡觉的地方）保持黑暗：如果人们在夜间曝露在光线下，每日褪黑素的分泌总量被显著抑制，减少量高达 50%。换言之，夜间的光照使人体 24 小时的激素分泌计划变得不协调。为浴室的顶灯安装一个调光开关——或者使用一个昏暗的夜灯，这样当你在浴室洗漱，或是在晚间起床时，明亮的化妆灯就不会刺激你的感官和警觉性。

- **为酣睡做好准备**。如果你很难自行将入睡时间提前，可以尝试服用一份小剂量的褪黑素，国家睡眠基金会建议的剂量是 1~3 毫克，在你想睡觉前两小时服用，以重置你的内部时钟。不过，应该把这当作一个短期策略，而不是依赖性策略。在服用褪黑素补充剂之前，一定要咨询你的医生，因为它们可以与许多不同的药物相互作用，如抗凝剂、糖尿病药物和镇静剂等，而且对患有某类疾病（如自体免疫紊乱或癫痫病）的人来说，它们可能属于禁忌药物。褪黑素也不应在怀孕期间或哺乳期间使用。

请记住，许多处方药和非处方药，包括某些抗抑郁药、减充血药、抗惊厥药、支气管扩张药、皮质激素、β-受体阻滞剂和抗胆碱药，都会导致睡眠问题。就连布洛芬和阿司匹林也会对一部分人的睡眠造成影响，增加夜醒次数，降低睡眠质量。如果你怀疑某种药物会使你难以入睡或半夜醒来，请咨询你的医生，看看你是否可以改变一日服药时间或寻找替代药物。

同样的，在晚上吃难消化、脂肪多或辛辣的食物也会导致一些人的睡眠问题。也要注意咖啡因的摄入，不仅包括咖啡，还有茶、巧克力和咖啡味的食物（如冰激凌或酸奶）。在有些人体内，咖啡因的代谢速度非常缓慢，需要花上 9~12 个小时才能从体内完全代谢掉。如果你是这样的人，下午 3 点喝杯拿铁提神会让你在晚上 10 点完全清醒，无法在夜晚入眠。

* * *

归根结底，尊重身体的自然节律需要重新掌控你的昼夜节律。这样做意味着让时间为你所用，有意识地选择自己想要的生活方式，这样你就能在生理和心理上恢复内在平衡。

是的，改变行为需要放弃过去有意识或无意识选择的模式，而做出改变确实需要一些努力和决心。但如果你把停止打乱身体内部节律、与身体内在需求保持同步作为首要任务，那么你付出的努力将是值得的。你的情绪可能会变得更加平稳，精力也会更充沛。你的身体健康可能会得到改善，情绪平衡也会得到改善。这样想吧：尊重你的身体节律，尽可能保持它们的规律性，你就会重新设置你的内在情绪恒温器，这将改善你对现代社会中难以回避的压力和紧张的反应和处理方式。

同步的生活

你可能已经注意到，你的感觉和机能一整天都在波动，这是身体起伏的周期性节律造成的。如果你从早到晚坚持一个相当一致的时间表，那么，日常的许多节奏就变得可以预测了。建立这种生理上的一致性是身体自然而然的需求，能让我们具有更强大的情绪稳定性和弹性。以下是关于这个主题的一些有趣的科学发现。

• 早晨：研究表明，人们早上对疼痛的敏感程度明显低于下午。因此，考虑将看牙医和医疗行程安排在早上 7 点到 10 点之间。

• 上午：对大多数人来说，警觉性、推理能力和短期记忆力在上午处于最佳状态。在上午到接近中午的时段，复杂的决策技巧能得到最大程度的发挥，这可能就是消防员通常在这个时段反应速度最快的原因。

• 午后：警觉性下降，困意开始出现，这与你午餐吃了什么几乎没有关系。在世界上很多地区，人们认为应该在这段时间午睡，这是有生理原因的。

• 下午：多种运动能力达到高峰。从下午 4 点到 7 点，你很可能在体力、速度和力量方面有最好的表现。

虽然这些高峰时段适用于许多人，但如果你实在是一个早鸟或夜猫子，这些规律可能不太适合你。根据得克萨斯大学奥斯汀分校的时间生物学专家、《生物钟健康指南》的合著者迈克尔·斯莫伦斯基博士的说法，一些人的高峰期可能会有长达4小时的差异。要想了解你的个体化模式，最好的办法是跟踪自己一天中的身体和认知表现，评估你在不同时段、不同领域的表现，然后试着把一些重要的活动安排在相应的最佳状态下进行。

恢复任务列表

依据你每晚的最佳睡眠时长，设定固定的入睡时间和起床时间；工作日和周末保持一致。

在就寝前至少提前90分钟执行数码用品宵禁。关掉所有电子设备，调暗灯光，进行一项有助于减慢一天节奏的活动。

早晨起床时，让自己曝露在明亮的自然光线下，以刺激警觉性，并重置身体的主时钟。

发现睡眠节奏的潜在干扰因素，可能是你正在服用的药物或正在吃的食物，看看是否能改变服用或食用它们的时间。（在改变服药安排前请咨询医生。）

试着安排重要任务的执行时间。比如那些需要很强的推理能力、决策能力、体力和力量的活动，应当配以一天当中相应任务的最佳表现时段。

第七章 想象自己身处安全的空间

消极的想法之所以存在，是因为我们相信它们，而不是因为我们想要或有意选择它们。

安德鲁·J. 伯恩斯坦，美国作家兼执行顾问

在遇到困难的时候，你的思想可能是你最好的朋友，也可能是你最坏的敌人。这取决于你如何运用思想。以 30 岁的詹姆斯为例。如果新闻曝光了一起侵犯人权或严重滥用职权事件，詹姆斯会一直耿耿于怀。如果他的个人生活压力增加，他会深陷其中，从而加剧激动情绪和焦虑。詹姆斯是一位成功的律师，但他与伴侣的关系不稳定，他用个人生活中的戏剧性事件和反复思虑世界灾难的习惯，来掩盖自身的存在性危机（关于他的身份、目标和在世界上的位置）。

为了抑制生活中的情绪火苗，他经常使用消遣性药物或过度饮

酒，这造成更强的失控感。直到与原来的伴侣分手，遇到了一个更冷静和沉稳的人，詹姆斯才开始关注而不是逃避自己的想法。他开始练习冥想，并致力于创作与他混乱的童年和浪漫生活有关的作品，这有助于他更好地处理这些经历。此外，这些工作使他更能欣赏生活中自己所忽视的积极因素，他的情绪变得更稳定，内心变得更坚强、更有弹性。

我们也许无法控制世界舞台上发生的种种令人痛心的事件，但我们多少可以控制自己看待这些事件的方式，以及对其做出何种反应。当你对自己的所见所闻反应过度时，你的身体将试图确认你是要战斗还是逃跑，交感神经系统引发的压力激素在体内快速释放。接下来你的应对机制会发挥作用，而你的反应模式是否健康，决定了你对负面新闻和事件的反应方式。如果你的反应方式是有问题的，你可能会反复思虑，难以释怀，封闭情绪，陷入疯狂，或是对周围人态度暴躁。

换言之，我们许多人的习惯反应导致了焦虑、创伤和疲惫感，而这些都是情绪炎症的潜在诱因。不断受到负面新闻和最新消息的炮轰，会让我们处于极度兴奋状态。斯坦福大学的研究表明，当人们通过社交媒体传播国内或国际舞台上发生的种族主义、性别歧视、虐待或其他负面行为时，这些评论会激起道德上的愤怒。这种愤怒会蔓延开来，引发一系列复杂的情绪，这些情绪会让人们产生难以处理的受到欺辱的感觉。鉴于社交媒体的即时性，我们很难在时间和空间上与这些信息保持距离，而我们本不必受到这样的影响。

控制思想有助于恢复情绪平衡——有很多方法可以做到这一点。为了使情绪回归正常状态，首先要消除或减少思想对你的思维模式和情绪的负面影响。只有这样，你才能到达一个更平静、更平衡的心态。这也有助于培养积极的认知（思考）习惯，当面对令人担忧的消息、威胁自身幸福感的信息以及其他日常压力时，你就可以拯救自己的情绪。

需要明确的是，我们的目标并不是像那些盲目乐观者一样度过人生，假装一切都是甜蜜和光明的，那不是一种现实的或可持续的生活方式。为了在这个世界上生存和发展，你需要清晰地看待事物，承担起应对挑战的责任，从失望中学习，从挫折中复原，同时也要处理好情绪困扰。所有这些行为都需要认知和情绪技能。接下来的思维转换计划将帮助你得到这份人生礼物。

控制生活中的信息流

我们生活在一个信息严重超载的世界。如果一天到晚接收太多信息，你处理或消化所有信息并做出有效决策的能力就会被削弱，这反过来又会阻碍你采取行动，使你陷入行动瘫痪的状态。这种认知洪流也会加剧人们的焦虑，不知如何回应和处理看似无休止的信息流。正如神经科学家丹尼尔·J. 列维汀博士在《有组织的思维：

在信息过载的时代思考问题》一书中所言："我们的大脑确实有能力处理接收到的信息，但代价是，我们难以区分琐碎信息和重要信息，而处理全部的信息会让我们感到疲倦。"当多余的信息在情绪上引发警觉、焦虑或其他烦恼时，它会导致某种形式的情绪超载，打破你的平衡。

限制信息接收量

一种解决方案是在适当的时候关闭接收信息的大门，控制生活中引发情绪炎症的信息流。你可以控制接触的警示性新闻的数量，也许你可以进行信息节食：限制查看新闻平台的频率，决定只在早上阅读新闻，在一天其余的时间里不看新闻，或者为自己设定完全不看新闻的日子。无论你选择哪种策略，要把它看作一种加强自我保护的健康的自我照顾方式。

安德里亚是在第三章中出现过的非营利组织的战略和运营经理，她和从事电视新闻工作的男友住在一起。即使在非工作时间，男友也喜欢看新闻，同时还能保持精力充沛，可是安德里亚觉得收听新闻让她既痛苦又沮丧。"看新闻让我感到沮丧和无助，"她说，"我想对时事进行独立思考，我觉得这种能力在当前的氛围下已经消失了。"于是，这对伴侣达成了一个协议：男友看新闻，安德里亚不看。相反，安德里亚会读早报了解时事，并在白天其余时间和晚上专注于自己规律的生活计划。

培养质疑精神

提高批判性思维能力，包括从多个角度看待问题的能力，能够帮助你过滤影响情绪的信息。《批判性思维基础》一书中说："批判性思维是一种通过分析和评价，从而改进思维的艺术。"有多种方法可以提高你的批判性思维能力。就像在对方连续得分时要求暂停比赛一样，你可以通过提出一些关键问题来阻断自己的情绪裂口，比如：这些信息的来源是什么？它是可靠的还是有偏见的？有哪些证据可以支持其宣称的观点？（对于虚假新闻泛滥的社交媒体上的帖子，提出这些问题尤为重要。）在倾听他人的想法、立场和论点时，把自己的反应放在一边，尽量保持开放的心态；然后，分析你刚才听到的信息，把它拆解成不同部分，从各个方面审视这些问题。

假设你的社区或单位正在提出一项有争议的倡议，你在发言之前，明智的做法是首先考虑以下几点：为什么这个人/委员会认为这是推进事务的最佳途径？潜在的利弊是什么？这项倡议如何反映和解决团体不断变化的需求？这项倡议背后的逻辑是否有证据、事实和数据支持？有没有其他方法可以有效解决这个问题，减少争议？通过提出以"如何"和"为什么"开头的问题，你将对特定问题获得更深入的见解。打磨这些技巧将使你更善于独立思考，同时不会轻易接受流于表面的负面信息。

要练习用批判性思维对待在媒体上见到的信息，避免下意识的反应。面对这些问题，你要点击暂停键，提出以“如何”和“为什么”开头的问题，以及“有什么信息是我们未被告知的”。记住，媒体经常关注那些耸人听闻、富有煽动性或反常的新闻，其原则是“越是血腥越是吸引眼球”，只为吸引人们的注意力，蛊惑受众，而正面信息往往会被掩盖。

重塑你的想法

同样，在评估自己的想法时，你最好也使用批判性思维技巧，而不是盲目地接受它们，因为你的思维方式可能会在不经意间加重情绪炎症。生活中的压力有两个来源：发生的新闻、事件、面临的挑战和你对它们的看法。就后一个因素而言，你的思维方式可以增加或降低压力水平。例如，如果得知你将迎来一位声誉不佳的新任主管，你可能会把这一人事变动视作一种“威胁”，导致压力水平升高。你也可以重新定义这件事，将其视为一种“挑战”，这会让你感到不那么恐惧，更容易应对。

这样的策略已经被证明是有效的。在一项研究中，研究者对参与者进行随机分配，在进行模拟薪资谈判之前，对参与者的情绪进行评估。一部分参与者的焦虑情绪被评估为有益的，而另一部分参与者没有得到具体的评估结论。研究者测量了谈判前后参与者的皮质醇水平。有趣的情况出现了：那些被告知其焦虑情绪有益的参与者皮质醇水平上升更多，但效果是积极的，因为他们在谈判中表现得更好，并且谈下了更高的薪水。换言之，将焦虑视为有益的会使压力变成动力，而不会削弱能力。

在另一项研究中，研究者请参与者在进行社会压力测试之前看一段传递“压力增强力量”或“压力削弱力量”信息的电影片段，以此操纵参与者的心态。在这项研究中再次出现同样的结论，那些获得“压力增强力量”信息的参与者比那些心态受“压力削弱力量”信息影响的参与者更加活跃，生长激素和积极情绪急剧增加，表现出更强的认知灵活性。

这些只是所谓“认知重建”（cognitive reframing）的几个例子，认知重建是认知行为疗法（cognitive behavioral therapy，简称 CBT）的基石，这种方法帮助人们改变思维和行为方式，从而改变感受。认知行为疗法潜在的前提是，你的思想影响你的情绪。但反过来也一样，情绪可以影响你的思维内容和思维的情绪效价[①]，它通过所谓的“心境一致性”认知效应来实现。这一认知路径的重点是，积极（或好的）情绪产生积极的想法，而消极情绪产生消极的想法。这些效应的结合意味着情绪和思维是双向的，两者相互影响，这就是为什么有意识地采取措施将两者推向积极（至少是远离消极的）方向是明智的。这样做还有一个隐性的好处，有意识地让自己处在良好情绪中，会让你更容易应对或回避那些正在接近你的情绪

① 情绪效价是对情绪属性的自我评估，分为正性和负性。——译者注

诱因。

同时也要记住，各种各样的认知扭曲会放大情绪诱因的影响，操纵并恶化你的情绪。以下是最常见的认知扭曲类型：

- 非此即彼：以极端或绝对的方式看待一件事，而不去认真观察事件的具体情况
- 灾难化：设想最坏的情况，夸大事态的可怕程度和威胁性
- 妄下结论：相信某件事是真实的，却没有证据来支持这一假设
- 扩大化：过分夸张某种烦恼，让自己更加沮丧和苦恼
- 过度概括：把单一的负面事件看作持续存在的状态

以上几种思维模式都有可能加重情绪炎症。这就是为什么学会质疑或反驳你头脑中的这些扭曲观念很重要。或者，请考虑你的判断存在“抽样错误”的可能性。如果你注意到自己的思维方式和思维的情绪效价，就可以在适当的时候纠正它们。也许你可以问问自己，发生最可怕情况的可能性有多大；考虑是否有任何证据表明你的想法是真实的；从你的自我引导语中排除“总是”或“从不”之类的词语。这些都是消除头脑中消极念头的有效方法。

24 岁的塔拉是俄勒冈州的一名营销助理，她说，当她在工作或个人生活中遇到充满挑战或令人不安的局面时，她有一种“将恐惧推向极端”的倾向。有时她会想象可能发生的最坏情况，有时她

会关注一个经济问题或一种工作环境可能给自己带来的一切可能的伤害。她承认:“那些不明朗的情况，或是某人明显隐瞒了一项工作议程，都会让我陷入世界末日模式。”在那些时候，她的思维陷入恶性循环，满脑子都是可能出错的事，她感到非常绝望，觉得如果期待还有其他解决方案，自己就是个傻瓜——这些想法进一步加剧了她的焦虑情绪。

为了防止自己迷失在这些消极思维模式中，她经常会向伴侣或导师求证他们对现实的看法，看看实际情况到底有多糟糕。她也一直尝试改变自己的视角，思考自己在应对特定挑战的过程中能学到或收获什么。她最近卸载了推特，这一举措“让我减少了很多消极想法。当有发泄负面情绪的冲动时，我就想发布推特消息，而没有应用程序就发不了，这使我的感受得到缓和”。

有趣的事实

人类每天大约会产生 6 万 ~8 万个想法。有趣的是，其中许多想法都是重复的，这意味着我们会产生和前一天、前一周，甚至更早之前相同（或相似）的想法。乔普拉健康中心的联合创始人、全球著名的整合医学和个人成长先驱、医学博士迪帕克 • 乔普拉指出:“大脑往往陷入重复的思维循环，从而挤压了新想法和灵感出现的可能性。”各种形式的冥想可以帮助你扩展觉知和/或意识，从而帮助你突破这些思维模式，获得新的见解、想法和灵感源泉。

过度思考的危险

信不信由你，想太多，即对某个问题或烦恼情景反复思考，是有危险的。你可能知道，思维反刍是一种过度思虑或沉湎于痛苦情景的倾向，导致负面想法像一张坏唱片似的在头脑中反复播放。你可能会认为，考虑问题的多个方面体现了你的主动性。但是，当你一遍又一遍地思考同样的想法和观点时，你最终可能会出现“双眼视觉”，过度专注某个特定方面，以至经常看不到更大的画面。同时，你可能会对现在的情况甚至全部生活越发不满。

思维反刍不仅自欺欺人，还会对健康造成损害，包括焦虑增加、睡眠障碍、心血管功能受损（如高血压）、暴饮暴食或饮酒过量。正如索尼娅·柳博米尔斯基博士在《幸福之道》（*The How of Happiness*）一书中解释的那样，思维反刍“维持或加重悲伤，激发消极的偏见思维，降低一个人解决问题的能力，削弱动机，影响专注力和积极性”。你可能认为自己在洞察自我或探索问题，但思维反刍使你更容易对生活产生“扭曲、悲观的看法”。除了消耗你的精神资源，思维反刍会使你的情绪进入一种螺旋下降的状态，因为它会让你对事态的看法变得越来越消极。当你感到痛苦时，更容易产生消极的想法和回忆，你很可能用它们来解释当前发生的事情。你得到的扭曲画面会干扰你采取有效行动的能力，导致更多的担忧和压力。这不是你想要的结果！

幸运的是，你可以学会打破思维反刍的习惯。诀窍是当你在思维反刍时“抓住”自己，然后投入到另一项有吸引力的活动中，分散自己的注意力，例如阅读或观看精彩的内容、听令人愉快的音乐或演奏乐器、快步走、照料宠物。你也可以有意识地做一些小小的善举，把你的注意焦点转移到他人身上，比如主动给生病的朋友送晚餐。采取这样的行动会从根本上使反刍冲动短路。如果有需要，你可以使用思维停止技巧让自己远离思维循环模式：想象一个停止信号或告诉自己：我的思想正在度假，现在不需要考虑这个问题，同时深呼吸，缓慢呼气，有意识地选择重新引导注意力。

同时，与自己约个时间来直面这个问题，可以在当天晚些时候，甚至是第二天。因为我们的目标不是回避问题，而是在你感到对情绪更有控制力的时候解决问题。在指定的时间，给自己 10~15 分钟时间考虑困扰你的是什么，需要做出什么改变，你能做些什么。找出你能采取的最可行、最有价值的步骤，并制订行动计划。比如说，如果你一直在思考你与伴侣间的紧张关系，找一个双方都同意的时间和对方谈谈，如果这样做效果不好而问题很重要，建议你们一起去找一位咨询师。把你的想法和观点用文字写在纸上或电脑上，可以帮助你摆脱头脑的束缚，把问题转化为力所能及的行动。把感受用语言表达出来，不仅能让自己轻松一些，还有助于组织和理解感受。你甚至有可能发现，困扰你的事情实际上并不如你最初想象的那般无法应对或充满威胁。

如果事实证明你无论如何都无法走出困境，比如你的家庭成员重病，或是一名政客背叛了公众的信任，那么试着接受现实，尽管这很痛苦，同时有意识地决定不再反复思虑这个问题。诚实地承认自己的感受，并试着发现一些可以让你向未来前行的洞见或智慧。你也可以把愤怒或沮丧转化为建设性的活动，从而改善生活中的其他方面（见第十章）。

有趣的事实

你有没有想过，为什么你会在淋浴的时候获得敏锐的洞察或创造性的突破？这不是偶然的。有理论认为，你在做一些日常事务时，比如淋浴，你的大脑基本上处于自动驾驶状态，你的前额叶皮层（PFC）处于放松状态，大脑的默认模式网络（DMN）开启。默认模式网络是一组相互连接的大脑区域，当你在进行一项需要注意力的任务时，这些区域似乎不太活跃。当前额叶皮层放松，默认模式网络启动，你的大脑可以建立起新的、创造性的联系，或解决你在有意识思维层面忽略的一些问题。另外，当你在淋浴时得到放松，你的大脑可能会释放多巴胺，这是一种激励性的、令人愉悦的神经递质，更多的 α 波会在你的大脑中荡漾，如同冥想的效果。这两种效应都能点燃创造性的火花。

冥想让你的大脑平静

除了在日常生活中努力保持正念，练习禅定或正念冥想可以有效地在自我与动荡的世界之间建立一个缓冲区。禅定的做法包括闭目静坐，重复默念咒语（通常是一个字或一个声音）。从那一刻开始，冥想者获得解放，进入一种独特的静默状态，体验到一种内心深处的平静感。研究表明，练习禅定有很多好处，包括减少压力和焦虑，改善睡眠、记忆力，提高头脑清晰度。美国心脏协会甚至鼓励临床医生建议病人练习禅定从而减少高血压的发生，美国军方也认可这是治疗创伤后应激障碍的一种方法。

相比之下，正念冥想专注于呼吸和当下，当注意力游走时，你要把它带回到呼吸上。人们发现，正念练习可以减少焦虑，增强对疼痛的耐受力，同时还能增强情绪调节和认知功能，如工作记忆。

正念冥想不需要花费大量时间。纽约大学的一项研究表明，零经验的冥想者在 8 周内每天进行 13 分钟的指导性冥想后，他们的坏情绪和焦虑显著减少，注意力、工作记忆和情绪调节能力得到改善。

这两种冥想都有其支持者，根据你的个人需要，你可能更喜欢其中一种。我建议你都尝试一下，看看哪种对你有用。

培养对不适感的耐受力

鉴于目前的世界状况和我们日常面临的各种压力，不适感和不确定性必然成为现代生活的事实，我们还是习惯这些感觉吧。我并非建议你采取失败主义的态度，或是让你简单接受现状，而是建议你学会忍受一点点的不适感或不确定性，不让它们渗透或支配你的思想和心灵。

这种思维方式是接纳与承诺疗法（acceptance and commitment therapy，简称 ACT）的一个特点，是心理学的一个热门议题。它鼓励人们有意识地接受自己的感受和反应，然后选择符合个人价值观的行为和生活方式。这种方法让你在继续前进的同时不必与内心的感受做斗争。

与其与沮丧、焦虑或愤怒的情绪做斗争，不如接受它们的存在。

请注意，当它们出现时，不要批判或过度关注，相反，把它们看作漂浮在溪流上的树叶，可能会自然而然地漂走。神经学家吉尔·博尔特·泰勒博士认为，当一个人对环境中的某种事物有情绪反应时，体内的一种化学反应就会被激活，使身体处于警戒状态，但这种反应的持续时间只有 90 秒。这 90 秒过去后，任何剩余的情绪反应都是因为人们有意识或无意识地选择停留在那个情绪周期中。

自从得知“90 秒效应”，我就成了这一理论的超级粉丝。通常，如果我被某个问题激怒，就会迅速陷入思维反刍状态，反复思虑同一件事，这让我感到更加沮丧和焦虑。现在，当我意识到自己在这样做时，我会坚定地重复——90 秒法则！90 秒法则！——提醒自己情绪的化学警报对我的控制是短暂的。我也提醒自己，是否坚持保留这些情绪是我的选择。虽然这种方法不能立竿见影（又有什么方法可以呢？！），但我每用一次，它的效果就更好一些。当强烈的情感让位于理性，我会感到一种强大的解脱感。

如果只是注意到情绪的膨胀而不深陷其中，你也会感觉到它在逐渐消失。关键是不要陷入，不要评判或反复思虑某种感受或引发感受的事件。承认你的感受，给它起一个名字，就好像它是在你之外的一个对象。去体验你的感受，但接下来要愿意放手。正如泰勒在《左脑中风，右脑开悟》一书中所言：“我最喜欢的对恐惧的定义是‘虚假的预期看起来是真实的’。如果我允许自己把所有的想法都看作短暂的生理现象，那么，当大脑中的故事讲述者失控，触发了我的反应电路时，我就不那么容易受影响了。”

改变大脑的频道

将不必要的消极情绪从你的脑海中赶走（至少你可以用一个适当的视角看待它）之后，你便可以将心态引导到更有建设性的、乐观的方向上。研究发现，要想使精神状态保持在健康的平衡状态，过上良性循环的生活，我们接收到的积极刺激要比消极刺激多3倍。重点在于，人要想蓬勃发展，就需要更多积极体验而不是消极体验。芭芭拉·弗雷德里克森博士对“积极”做出这样的解释：“积极的心态不只会改变你的思想内容，用坏的思想换取好的思想，它还将改变思想的范围或边界，它拓宽了你所看到的可能性的范围。”

能否创造并达到这个关键的临界比值，决定了你是感到痛苦还是活力四射，是积极向上还是悲观消极。为了发现你的积极情绪和消极情绪的比值，你可以在一天当中有规律地暂停手头的活动，间隔测量自己的情绪脉搏。你也可以采取措施，有意识地缓冲消极刺激（包括人和新闻）的影响。当消极思维出现时，质疑其真实性，更有觉察力、更专注地对待当下发生的事情，这样可以达到有益自我的平衡状态。

43 岁的马特是威斯康星州的一名企业家和营销专家。2018 年春天，他对社交媒体上充斥着负面报道感到沮丧，于是他决定开始每天写作并发布一篇感恩日记。起初，他的目标是每天至少发现一件值得感恩的事，但他很快发现，日常生活中有许多值得感恩的事。他说，主动思考如何捕捉一系列积极的时刻——无论是烹饪一顿美食、在大自然中消磨时间，还是探索一个他从未去过的地方——并与人分享，都让他感到更加积极和乐观，而且这对阅读他的帖子的人也产生了积极的影响。马特的经历并不罕见。许多研究发现，表达感激之情与更强的幸福感和更高的生活满意度相关，无论是写下你心怀感激的普通或特别的事，还是亲口向他人表达你的感激之情，都是如此。

加利福尼亚的研究者在一组焦虑或抑郁的人中考察了有意识地导向“积极情感系统”的效果。积极情感系统的特征是以喜悦或兴奋等积极情绪，鼓励人们追求潜在的奖励。在多种内容组成的积极活动干预方案中，参与者每周完成 10 次时长 1 小时的课程，其中包括表达感谢（写下 5 件感恩之事），在一天内做 5 件助人为乐的好事，确定个人价值观（同时写明这些价值观为什么重要以及如何在日常生活中运用这些价值观），实践乐观态度（想象他们在某个人生领域可能达到的“最好的未来”，并考虑如何实现这一愿望）。这一方案的目标是创造“积极思维、积极情绪和积极行为的螺旋式上升”，从而帮助人们克服焦虑和抑郁——这种方法是有效的！经过 10 周的干预和 3~6 个月的随访，那些可以自由选择将哪些活动纳入日常生活的参与者的积极情绪显著增加，心理更加健康，消极情绪症状减少。

正如这项研究所表明的，我们许多人可以训练自己改变注意力的方向，以此改善情绪健康。使用正确的策略改变注意力和态度可以帮助你恢复长期的情绪平衡。在你需要即时放松的时候，在你和伴侣或朋友激烈争吵之后，在你陷入糟糕情绪无法自拔时，你也可以使用这些技巧来拯救自己的情绪。换句话说，这些策略可以打破消极情绪的魔咒。以下是将这些策略付诸实践的一些方法。

- **改变你的语言。**当你再次感到焦虑时，认真审视当前状况，试着重新定义这份感受。例如，如果你正准备发表演讲，可以用兴奋或热切来形容自己的状态。正如社会心理学家埃米·卡迪博士在《高能量姿势——肢体语言打造个人影响力》一书中所写：“只需要重新定义我们体验到的情绪的意义——用兴奋代替焦虑——我们就能改变心理取向，获得在压力下取得成功所需的认知和生理资源。”
- **用语言表达你的感受。**用富有表现力的写作倾吐心声，写下自己在生活中被情绪控制的体验，这在很多方面都有利于你的健康和情绪愉悦，而且可以帮助你用新的视角看待发生的事情。用语言描述感受可以起到情感宣泄的作用，可以帮助你理清杂乱的思绪，或是让你学会更好地调节情绪，等等。这样做的好处很多，其结果经常是相似的：写作可以帮助你越过烦恼体验，或是让你获得对它的控制感。

- **用长远眼光看问题**。当你为某件事心烦意乱时，问问自己：这件事下周会发生吗？下个月呢？明年呢？这件事到底有多重要？用现实的眼光检验事件可能产生的影响，从而获得新的视角，可能会减轻情绪诱因的冲击力。

- **回顾你有多么幸运**。思考并记下你一生中最感恩的事。感受和表达感激之情不仅能改善你的情绪健康和社会关系，也会增加你未来体验到感恩之情的神经敏感性（在大脑前额叶皮层）。

- **进行一场愉快的记忆之旅**。心态不佳时，有意识地回忆正面的记忆或美好的时光，不仅能改善当时的情绪，还能激活有助于调节情绪和认知功能的前额叶皮层。根据支持这一结论的领先研究，有人发明了所谓的"回忆疗法"，这种疗法对不同年龄段的许多人产生了很好的效果。

- **练习自我肯定**。不管你是选择写日记，还是仅仅花点儿时间来沉思，都应该专注于个人核心价值观、特质和行动，以及你看重它们的原因，这能让你在面对生活挑战时体验到强烈的胜任感、良好的自我感觉和自我效能感。自我肯定还可以增强你的自我控制感，提升自我形象和整体情绪幸福感。

- **对自己表达同情**。目的是培养对自我的仁慈、理解和同情，认识到你的负面情绪和想法正在伤害你，并通过改变头脑中的对话让自己放松一些。提醒自己，世上没有完美的人，我们偶尔都会判断失误或犯错。

• **允许自己放松。**与一个不尊重或伤害你的人发生了非常恼人的冲突后，想想你真正想说或想做的是什么。然后，在脑海里继续想象你在诅咒那个人，或者用另一种方式表达你的愤怒或沮丧——试着不要压抑自己！必须采取这些行动显然是令人不快的，但在头脑中这样做往往能起到宣泄效果。正如想象平静的场景可以让你感到平静，想象发泄怒火的情景可以释放你可能感受到的伤害性情绪。一旦你冷静下来，大脑前额叶皮层就会评估你是否能从发生的事情中学到什么。记住：你如果没有对某人采取行动，就没有理由因为对他产生负面感受而内疚。

• **明智地使用色彩。**色彩心理学研究发现：观看平静的颜色，如绿色或蓝色，对身心有镇静、恢复的作用；而红色和黄色则更让人兴奋。当然，色彩的饱和度和明亮度也会对人的情绪有影响。所以，当你试图在周围运用色彩时，要注意色彩的特质，因为色彩能以恰当的方式影响你的情绪和能量。

• **听好听的音乐。**荷兰的一项研究表明，听自己选择的轻松愉快的音乐可以改善一个人经历压力后的情绪。音乐还可以在压力过后促进血压恢复正常，并降低你对刚刚发生的事情进行思维反刍的冲动。所以，拿起你的手机和耳塞，或者拿起一样乐器，你便能收听到滋养心灵的音乐。

• **为别人做点儿好事。**人们普遍认为幸福的关键在于关注自己，然而，与这一假设相反，研究发现，做有益于他人或整个世界的事会增加一个人的积极情绪，减少消极情绪，从而使心理更加健康。所以，考虑给有需要的人送一顿饭，或者为你信仰的事业做志愿者。定期践行亲社会行为（旨在造福他人的行为）甚至能启动一种传染效应，激励他人也去付出善意和慷慨。

所有这些思维练习其实都涉及刻意的情绪调节，而不是让大脑的杏仁核（特别是与恐惧和攻击性相关的大脑灰质）控制你的感觉，把你的感觉带偏。事实上，所有这些策略都是在把大脑中造成情绪和心态暴跌的消极思维过程转换成治愈性的、激励性的积极思维过程。这样，你便能从一个更加平衡的视角审视你的思维，以明智的、有建设性的方式塑造你的思想或质疑它们。除了有助于恢复情绪平衡，这些健康的思维控制方式将帮助你进一步改善自己的生活和周围的世界。

17 世纪法国哲学家和数学家勒内·笛卡儿提出“我思，故我在”的命题，试图提供一个获取知识的稳定基础，以面对极端怀疑主义者的质疑。在此后的几个世纪里，世界确实发生了变化，但人类根本的不安全感依然存在。我们对笛卡儿深怀敬意，但也许是时候更新他提出的命题了：“我善思，故我善在。”在动荡的世界里为情绪平衡打下基础并非易事。通过提高你的批判性思维技巧，纠正扭曲的认知，有意识地将思想引导至健康的方向，不仅可以减弱情绪诱因的影响，还可以激活大脑的奖励回路。

恢复任务清单

在一天之中，捕捉你的消极思想，对其进行现实性检验，然后纠正所有的扭曲思维。

限制接触各种媒体（包括社交媒体）的方式和时间，控制你生活中的信息流。

养成质疑压力的习惯。压力可能在对你传递什么信息？它会是一个伪装的机会吗？发现隐蔽的信息，你便可能消除威胁性因素的影响。

把诸如“总是”“从不”“应该”这样的词从你的自我指导语中去除，就好像你在同一位挚友交谈一样。

记住，情绪问题造成的生理反应最多自然持续 90 秒，之后发生什么取决于你的选择。

养成感恩的习惯，定期说出 3~5 件你心怀感激的事情。

第八章

遵循身体的需求

每一次自我关爱，都会使你的本真自我变得更强大，削弱挑剔、恐惧的影响。每一次自我关爱，都是一个强有力的宣言：我站在自己这边。

苏珊·韦斯·贝瑞，美国正念教练、作家和画家

自我关爱最基本的方法众所周知——好好吃饭，规律运动，睡眠充足，不吸烟，控制压力。所有这些有益的习惯对平息情绪炎症同样有帮助，但在具体因素的重要性和发挥作用的机制上，有一些有趣的细微差别。是的，你还是应该坚持以素食为主的健康饮食，定期进行有氧运动和力量训练，每晚睡眠 7~9 个小时，避免吸烟，花时间减压。但这只是起点。在情绪炎症发作时期，运用额外的办法平息你的高反应性、激动、焦虑或其他负面情感——由内而外和由外而内——比任何时候都更加必要。当人们的压力达到第 N 度时，他们往往会选择阻力最小的行为方式，或是干脆放弃保持健

康的意愿。这当然无助于改善他们的感受，实际上可能会让他们感觉更糟。

让我们从饮食问题谈起，这个话题经常让人陷入困惑。对于各式各样的饮食计划，人们众说纷纭。食物本身就是一个负载过多信息的话题。对于吃什么好，吃什么不好，何时何地吃（或不吃）东西是恰当的，人们通常持有不同的观点，有时甚至把道德强加于他们的饮食方式上。现在有一种现象，被称为“健康食品症”，人们过度迷恋健康食品，以至于将许多食物排除在外，有时甚至抛弃了整类食物。他们坚持的僵化规则甚至规定了他们的社交方式。比如，对他们来说，可以和朋友一起锻炼，但不能相约去吃午饭。环境问题也经常影响人们的选择，有些人身体力行购买当地产品（为了减少碳足迹），选择素食（出于对生命的同情），或者减少食品浪费和包装（为了保护地球）。换言之，决定吃什么或如何吃会引发各种情绪，其中包括一些负面情绪。

事实是，食物仍然是人类的基本需求，对我们的身体健康、认知功能和情绪健康至关重要。正如吃垃圾食品或含糖食品会让你的血糖和情绪如过山车一般剧烈波动，不吃正餐或吃得太少会让你感到身心疲惫。虽然目前还没有治疗情绪炎症的完美饮食方案，但重要的是你的身体对食物的反应，而这在很大程度上取决于医学领域的一颗新星——肠道微生物群。肠道微生物群由超过 100 万亿的微生物组成，包括细菌、真菌和病毒，它们的数量各不相同，都住在你的胃肠道中。这些微生物的数量是人体细胞的十倍还多！一开始，想到有这么多“虫子”在我们的肠道里活动，可能会引起人心理不适，但最新的研究表明，这些微生物对人类健康的重要性就像心脏正常跳动一样。

在最佳条件下，有益微生物远多于有害微生物，它们和平共生，在人体的日常运作中发挥着关键作用。人体肠道微生物群就像一个微型工厂，由一群技能高超的工人提供数量庞大、种类繁多的产品，其场面令人震惊。勤劳的微生物把食物分解成细小的成分，身体利用这些成分来实现各种功能。它们产生氨基酸，氨基酸是蛋白质的组成成分，几乎参与身体的每一种生理过程。它们有助于调节免疫系统，保护身体免受致病微生物和其他入侵者的侵害。它们产生神经功能所需的维生素（B 族维生素）和其他对血液凝结至关重要的维生素（维生素 K）。它们甚至还参与创造大脑环境，影响我们的记忆功能、思考和执行复杂任务的能力，乃至影响我们的感觉和行为方式。

一个新兴的研究领域表明，肠道微生物群与大脑持续保持联系。就像健谈的青少年，肠道和大脑利用体内神经元（经由肠神经系统）和血液（流经肠道）来回发送信息。这些信息影响你的情绪、压力反应、昼夜节律乃至睡眠模式。肠道微生物群，通常被称为“第二大脑”，对我们的健康有着至关重要的影响。一些新研究表明，肠道微生物群和大脑之间的联系属于“心理健康新方法”的前沿科学。事实上，肠道微生物群的构成和肠道与大脑之间的沟通方式可能会影响你患抑郁症、焦虑症和其他情绪障碍的风险。(瑞典和荷兰的研究已经证实，存在研究者所谓的“忧郁的微生物”。)

另一个令人震惊的发现是：据估计，90% 的 5-羟色胺（一种参与情绪调节的著名神经递质）在消化道中产生，而制造它们的正是微生物！科学家发现，肠道细菌也能增加或减少其他神经递质的水平，包括：多巴胺，它能刺激大脑中的奖赏、动机和注意力中心；去甲肾上腺素，它能在压力状态下激发“采取行动”的能力；γ-氨基丁酸（GABA），它的作用是降低焦虑，通常能使神经系统镇静下来。

你的微生物群就像你的指纹，可能与你亲友的微生物群大相径庭。我们每个人体内都有独特的微生物网络。最初，这个网络是由遗传因素决定的；接着会受到出生环境的影响，比如经过的产道环境和喝下的母乳；后来会受到居住地和生活方式的影响，包括我们呼吸的空气、喝的水、吃的食物、接触的化学物质（包括我们服用的药物）。这些因素都会改变我们的微生物群。在这方面，我们可以自己做出选择，对自身健康负责。我们能将微生物群中的细菌平衡引向积极或消极的方向。

当心你的药物

为了维护体内的微生物群，注意你服用的药物是合理的。如你所知，抗生素会破坏肠道菌群的平衡，这也是医生建议只有在必要时才服用抗生素的原因之一。但其他药物也可能对肠道微生物群产生影响。为了促进动物生长和防止感染，农场主通常会给工业农场饲养的动物使用抗生素。它们被屠宰并进入了人类的食品供应链，就变成了人类被动摄入抗生素的主要来源。当我们食用肉类时，它们会改变肠道微生物群，并导致抗生素耐药性。

但这还不是全部。2018 年，德国的一项研究发现，超过 200 种非抗生素药物，包括抗病毒药物、抗精神病药物、质子泵抑制剂、化疗药物和一些降压药物，都会阻碍不同种类的人类肠道细菌的生长。这并不意味着你应该停止服用这些药物（当然，除非你的医生同意），但这确实意味着，如果你正在服用这些药物，应该采取额外的措施来保护你的肠道菌群。

有助于思考和保持平静的食物

让我们先来探讨从根本上影响微生物群的普遍性饮食模式原则。首先是一个值得警惕的消息：大量摄入淀粉类碳水化合物、单糖、饱和脂肪、动物蛋白、深加工食品和人工甜味剂，会促使肠道中有害微生物大量繁殖。损害健康的饮食方式多种多样，而以上的有害因素会强化炎症，破坏肠道内有益菌和有害菌的平衡。现在说一些好消息：如果食用富含有益菌或具有抗炎特性的食物，将帮助肠道中的有益菌茁壮成长，减轻身体和思想的炎症。

近年来，营养研究取得进展，明确了食物中可以改善肠胃健康的特定成分。其中益生菌和益生元高居榜首，前者包括在某些食物中发现的有益细菌或酵母菌，后者是某些食物中发现的不易消化的成分。益生菌和益生元在你的肠道中形成一对动态搭档。当你食用富含益生菌的食物时，它们有助于增加肠道中益生菌数量。当你食用富含益生元的食物时，这些天然食物成分会促进肠道中益生菌的生长。

为了使表达不那么抽象，帮助你更好地理解它们的不同角色，请再次把身体想象成一个需要专业知识和优秀团队合作才能完成工作的工厂。益生菌是帮助你身心茁壮成长并制造产品的工人，它们让你身体的各种系统发挥最佳功能。它们夜以继日地工作，但需要被好好喂养才能持续正常运转。这就是益生元发挥作用的时候了。

益生元这种高营养的“食物”使益生菌能够持续工作。如果你总是给这些工人提供快餐或加工食品，它们的产量会下降，它们的主要产品——你的身体和情绪健康的品质也会随之下降。

富含益生菌的食物包括酸奶、发酵乳、泡菜、酸菜、味噌、豆豉和红茶菌——这些食品有些天然含有活性的有益菌，有些在发酵过程中产生了有益菌。（那些不食用乳制品的人可以放心，许多非乳制品，如椰子、腰果、豆奶和豆制酸奶也含有这些有益菌。）小扁豆、鹰嘴豆、红芸豆、大蒜、洋葱类（包括葱头、青葱和韭葱）、芦笋、香蕉、苹果、菊苣、洋蓟、卷心菜富含益生元。燕麦、麸皮和大麦等谷物也是益生元的稳定来源。为了获得更好的效果，你可以在同一顿饭中加入益生菌和益生元，试着把香蕉切片放在一杯酸奶里，然后在上面撒上石榴籽；或者用大蒜、洋葱、芦笋和豆豉做成一道菜。

益生菌是天然存在于食物中的，与其服用补充剂（益生菌片剂），不如以其原始形态食用。主要原因是，国家食品和药品监督管理局对膳食或益生菌补充剂制造商不及对药品制造商严格，不要求前者证明其安全性、有效性（产品是否达到宣传的效果）、纯度或效用，所以你无法确切知晓你吃下的是什么。此外，没有一种益生菌适合所有人。在完美条件下，你应该接受一个测试，获得一张为你和你的微生物群量身定制的益生菌配方，然后你就能食用对你有益的特定种类的细菌。即使在这个条件不完备的世界里，也许有一天，为你的微生物群量身定制的个性化配方也会成为标配，但目前我们尚未做到。同时，这些建议是对你的身心健康“可能有益但绝对无害”的，而且由于推荐的这些食物本身就有营养，所以把它们添加到你的饮食中真的不会造成任何损失。

当然，良好的肠道饮食也包括食用抗炎食物。为了方便人们选择正确的食物，综合医学领域的先驱安德鲁·威尔博士创造了一个抗炎食物金字塔，其中包括营养丰富的蔬菜和水果，完整和颗粒状的谷物、豆类（包括扁豆和豌豆），坚果和特级初榨橄榄油中的健康脂肪，鱼贝类、全豆食品、煮熟的亚洲蘑菇、茶（白茶、绿茶和乌龙茶）、香草和香料（如大蒜、姜、牛至、肉桂和姜黄）以及适量的红酒（这里的“适量”是指女性最多每天一杯，男性每天最多两杯）。至于膳食脂肪，ω-3脂肪酸（见于亚麻籽、奇亚籽、核桃和菜籽油中）以及深水脂质鱼（如鲑鱼、金枪鱼、比目鱼、凤尾鱼和沙丁鱼）往往具有最好的抗炎效果。

有趣的事实

如果你爱吃甜食，那就吃一块1.5盎司[①]的“零内疚”黑巧克力，

① 1盎司≈28.35克。——编者注

其中可可的含量最低为 70%。它具有抗炎作用。黑巧克力还有一种额外的益处，其中的多酚（植物性营养素）可以帮助身体产生更多一氧化氮，这种化合物会促进血管扩张，增加血液流动，降低血压。此外，新研究发现，食用可可含量至少 70% 的黑巧克力对人类的压力水平、情绪和记忆都有积极的影响。真是个好消息。

如果你的情绪泛滥，最好控制咖啡因和酒精的摄入量，以避免情绪过度高涨或在无意识中压抑情绪。为了让你的血糖（以及你的情绪）保持相对平稳，提前计划好要吃的正餐和（健康的）零食，每隔 3~5 个小时就吃点东西。这样，你就不会感到心神不宁或“饿怒”。此外，在正餐和零食中增加蛋白质成分，因为蛋白质比碳水化合物或脂肪需要更长的时间来消化，所以血糖上升的速度会相对缓慢和持久。这将有助于保持你的情绪和能量稳定。

总而言之，如果能很好地喂养你的肠道细菌——食用含有活性菌的食品和发酵食品、大量纤维素和抗炎食品，同时限制饱和脂肪、添加糖和深加工食物的摄入，可以促进肠道细菌的多样性，这反过来又有助于平息身体和精神的炎症。需要一些证据吗？威廉与玛丽学院的一项研究发现，食用发酵食品更多的人（尤其是那些得过焦虑症的人）更不容易受到社交焦虑的影响。同样，研究发现，每日食用酸奶或发酵乳——都有非乳制品类型可选——可以降低人们对压力环境的反应性。

别忘了，每天还要喝大量的水和其他无咖啡因液体（咖啡因有利尿作用）。即使程度轻微的脱水，也会影响你的情绪和精神，对此你可能会感到惊讶。研究表明，当健康的年轻女性在运动时轻度脱水（大约失去 1.4% 的体重），她们的情绪水平会出现暂时性下降：紧张焦虑、抑郁沮丧和愤怒增加，注意力降低，疲劳或惰性增加。健康男性在运动中轻度脱水（在一次运动中失去 1% 的体重）也会产生类似的反应。

需要注意的是，不要指望口渴的感觉警告你正在脱水。当你感到口渴时，你的身体可能已经失去了 1%~2% 的水分了。此外，有些人对口渴不太敏感，几乎觉察不到他们处在危险的脱水状态。这里有一些建议：白天经常小口喝水。美国国家科学院目前的建议是，女性每天应该摄入大约 91 液体盎司①水，男性每天应该摄入大约 125 液体盎司水，这些水来自饮品和富含水的食物。如果这么多水听起来有点吓人，那么你要知道，人体大约 20% 的液体摄入量来自富含水的食物。

需要说明的是，这些饮食方法都不能为你可能经历的焦虑、绝望、激动或其他不安情绪提供即时或彻底的治疗。但随着时间的推

① 1 英制液体盎司大约等于 28.41 毫升，1 美制液体盎司大约等于 29.57 毫升。——编者注

移，这些做法会积累一些正面的影响。有效地处理这些感受是一项长期任务，一种投资，在时间的推移中逐渐平息可能点燃情绪炎症的内心火焰。我们的目标是实实在在地让你内在的生理波动平静下来，提高情绪诱因发挥作用的门槛或阈值。

减压补品的真相

如今，人们似乎一直在寻找某种灵丹妙药，希望保护自己的身心免受压力和疲惫的伤害。有确凿证据表明，一些草药，如红景天、人参或南非醉茄能起到这种作用。虽然服用 B 族复合维生素、鱼油或海藻等营养补充剂因为方便而颇具吸引力，但这并不适合所有人。它们有可能与你正在服用的其他药物或食用的一些食物相互作用，而且，由于年龄、潜在的健康状况或其他因素，你可能对它们的作用特别敏感。结果可能会导致累加效应，药物浓度改变，或是别的不愉快的或令人担忧的副作用。另外，一些补充剂含有杂质。这就是为什么我不愿笼统地建议你服用营养素或补充剂，或在不了解某人整体健康状况的情况下盲目推荐。

也就是说，西方医学可以从东方医学借鉴很多内容，特别是当它越来越多地将自然疗法和良好营养融入日常保健的时候。如果你有兴趣尝试其中某种疗法，看看它是否能帮助你由内而外平静下来，请与你的医生谈谈。但如果你的医生不太了解营养疗法或草药疗法，也不要感到惊讶，许多西方医生没有在这方面受过训练。你可以考虑向一位知识丰富的自然疗法医师咨询，他可以根据你的个体状况提供个性化的方法。

让情绪进入正轨

比起前工业时代的前辈，如今我们在个人生活和工作中久坐不动的时间更长了。我们生活在一个日益自动化的世界里：我们可以不去商店，在网上订购衣服、书籍、日用品、家具等，然后等人送货上门；我们可以叫人把需要干洗的衣服取走清洗；我们可以在家里办理银行业务，直接将工资转入银行账户；我们甚至不需要与某位同事见面交流，只需发送电子邮件或打电话；有时我们甚至不需要出现在工作场合，可以远程办公。

作为社会人，我们已经在日常生活中失去了许多活动机会。这是有代价的。因为人类天生就是要活动的，大脑中设置了奖励活动的机制。如果注定要像雕像一样活着，我们就该被固定在基座上，不会出现可以向多个方向移动的手臂和腿。定期运动对身体健康和心理健康都很重要。从头到脚，运动几乎可以改善各方面的健康水平：降低血压和心率，改善消化功能，调节血糖，提高睡眠质量。

有规律地运动还有一个隐性好处，它可以增加肠道中有益微生物的数量和多样性，有益你的健康和幸福感。虽然没有哪两个人的微生物群对规律运动的反应完全一样，但大部分人在规律运动后，体内减少全身炎症的微生物数量会有所增加。这是运动对健康的积极影响之一。但是——这是一个很严重的"但是"，所以请注意——当人们停止运动后，这些有利影响将消失，微生物群将恢复到运动养生之前的状态。

除了给身体和精神注入活力，运动也可以有效地帮助你控制情绪，提高思维功能。特别是有氧运动，能促进脑源性神经营养因子（BDNF）的释放。脑源性神经营养因子是一种占据皮质醇受体部位的蛋白质，因此应激激素无法"降落"并激活这些部位，结果你得到的不是焦虑，而是一剂大脑营养剂。换言之，运动，尤其是在压力大的时候运动，就像在倾盆大雨中穿上防水雨衣：水分（压力）会停留在表面，但不会渗透到你身上，让你充满焦虑、恐惧、绝望等负面情绪。这意味着，当压力导致皮质醇水平升高时，经常运动的人比不运动的人更容易使应激激素失活。有氧运动还可以促进色氨酸（一种血清素的前体）透过血脑屏障的转运，从而提高大脑中5-羟色胺的浓度。

在一项研究中，哈佛大学的研究人员研究了有氧运动（在这项研究中是骑自行车）对人们在紧张任务后调节情绪能力的影响，并得出结论：经常运动增强了我们受到长期压力影响后的情绪复原力。在另一项研究中，密西西比大学的研究人员让健康成年人进行 15 分钟的伸展运动、步行或慢跑，然后给他们播放一段旨在引起负面情绪反应的电影剪辑。步行组和慢跑组在观看电影后的焦虑和愤怒程度较低，而伸展组在观看电影后的愤怒程度较高。换言之，伸展组的消极情绪之所以会被触发，仅仅是因为他们没有像其他参与者一样从有氧运动中获得情绪调节的益处。

你自己可能也有过这样的经历：在为某个压力事件纠结很久后，你去散步或慢跑，然后你会发现，虽然这件事几乎没有被遗忘，但它不再像以前那样控制你了。经常进行体育运动也会减少对压力事件进行思维反刍的冲动，而这反过来又会降低你对压力的反应强度，并降低你被启动效应影响的可能性。因为当启动效应发生时，你对压力源的反应可能会影响你对次生压力的反应，而且通常是产生放大效应。

更重要的是，无论男女，都能通过运动减少抑郁和焦虑。在某些情况下，经常性的有氧运动在治疗抑郁症上与抗抑郁药同样有效，甚至在降低抑郁症复发风险方面可能更为优越。因素是复杂的，神经递质是多种多样的，人与人是不同的，但如果把运动作为单一因素来考察，它真是无可争议的情绪管理的好疗法，因此，越来越多的心理健康专家开始采用运动疗法。

于是就有了一个重要却难以回答的问题：什么样的运动对缓解

情绪炎症最有效？答案取决于你的情绪炎症的形式、你的大脑和身体的原始设置，当然还有那些自然而然吸引你的运动类型。也就是说，我们可以遵循的是某些普遍性原理：如果你感到呼吸急促、焦虑不安或过度紧张，在大自然中长时间散步，在舒缓的游泳中体验节奏感和水流过你身体的平静感，上一节柔和的瑜伽课，都可以作为调剂方法，帮助你的身体和情感安定下来，让你感觉更踏实、更专注；如果你觉得有必要发泄一下（比如说，你感到沮丧、恼火或愤怒），一场增强能量的有氧运动可能会让你感觉好一些，比如慢跑、动感单车或跆拳道；如果你一直感到沮丧或孤独，参加一些能让你把焦点从自己身上转移开来的活动，比如跳舞、参加团队运动、参加跑步或自行车俱乐部等，这些活动可能会让你体验到崭新的情绪状态，建立人际联结，缓解紧张感，进入忘我状态或正视自己的问题。无论你有什么样的个人偏好或情绪需求，总有某种形式的身体活动可以让你保持身心健康。别错过了！

催产素有什么影响？

催产素主要由下丘脑分泌，通过垂体释放到血液中，通常被称为“爱的激素”或“亲密激素”。在母亲分娩，与新生儿相互依偎或母乳喂养的时候，在我们坠入爱河互相拥抱的时候，甚或是与宠物在一起时，催产素就会激增。催产素不仅能激活产生愉悦感的受体，而且能增加人与人之间或人与动物之间的普遍信任感，所以它能减少焦虑和抑郁症状，甚至能抑制杏仁核的活跃反应。简而言之，催产素能通过各种途径缓解情绪炎症。

当催产素释放时，它不仅影响大脑，使我们的情绪变得平静，行为变得温和，它的影响还渗透到身体其他系统，降低压力激素，如皮质醇和去甲肾上腺素，降低心率和血压。在一项对分娩后不久的女性的研究中，北卡罗来纳大学教堂山分校医学院的研究人员发现，在执行压力任务时，血液循环中较高的催产素水平与心血管和交感神经系统的低反应性直接相关。在这项研究中，压力任务是公开演讲。

对催产素的最新研究获得了非常有趣的发现。对孤独症或精神分裂症患者进行鼻内催产素用药可以提高他们的社交适应性和能力。较高水平的催产素可以帮助我们记住在正面经历中学到的东西，忘记在压力情境下的感受。其他研究表明，共情能力低的人体内催产素的浓度可能较低，他们在根据面部表情读取情绪的能力测试中得分很低。

从中我们得到的教益是：在进入一个压力情境前（无论是在工作中做报告还是去做一次令人担心的体检），得到一个坚定的、感觉良好的拥抱，可以帮助你在随后的过程中保持平和、冷静、精力集中，因为你的催产素水平可能会在几小时中而不是几分钟内持续升高。使用鼻腔喷雾剂进行催产素给药时，唾液中的催产素在 2 小时 15 分钟内保持高水平。当然，能够向你“注射”催产素的拥抱不是一个轻浮、一厢情愿的拥抱，而必须是一个坚定、真实的拥抱。

在压力控制你之前，控制压力

有些压力源是不可避免的，会影响你内心的平静状态，但也有一种积极的压力形式，即积极压力，实际上对你是有好处的。这种“好的”压力可以激励你，提高你的表现，帮助你成长，比如说，在工作中晋升或在一场运动中表现出色。因此，我们的目标不是消除所有形式的压力，而是管理消极压力（造成痛苦的压力），这样它们就不会引发焦虑、恼怒、退缩，导致疯狂的行为或损害你的健康了。

随着时间的推移，慢性的负面压力会成为多种疾病发展或恶化的温床，从消化不良和生殖障碍到心脏病和其他慢性疾病，并严重损害你的情绪健康。压力过大甚至会损害你的肠道微生物群：当你的体内皮质醇水平持续处于高位时，肠道中的菌群平衡会被破坏，引发炎症。雪上加霜的是，肠道菌群失衡，即所谓的“肠道菌群失调”，会形成一个反馈环路，导致更多的压力、焦虑和抑郁。

这是你需要在生活中用健康有效的方式管理压力的另外一个理由。你已经知道，食用健康抗炎的食物，经常锻炼身体可以使你保持生理平衡，包括肠道微生物群的平衡状态。虽然这有助于控制你对压力的情绪反应，但仅靠这些是不够的。培养强有力的应对技巧，包括解决问题的技巧或工具，帮助你更有效、更灵活地应对生活中的挑战也非常重要，比如清晰有效的沟通方式、时间管理技能、授权的时机，以及与他人或不必要的麻烦之间建立和保持健康界限的能力。进行健康的思维转换练习（如第七章所述）也可以减轻压力的负面影响——至少不会放大压力。

一直热衷运动的纽约作家亚历山德拉（见第一章）的焦虑在2017年失控了。日益增长的焦虑促使她在生活中做出一些根本性的改变，以降低压力水平和情绪诱因的影响。她开始练习冥想和瑜伽，关闭社交媒体，不再看有线电视新闻，也不再像以前那样频繁出门社交。“我变得高度自保。我训练自己不要跟随焦虑情绪，也不要做那些会加剧焦虑的事。”她解释说，“现在情况好多了，我的焦虑情绪减轻了很多。”

事实上，培养和磨炼个人“减压阀”技能是明智的，这样你就可以像亚历山德拉那样定期放松、休息和恢复情绪平衡。在这件事上，同样没有适合所有人的方法。为了培养和保持内心的平静，你应该尝试几种技巧，直到找到对你来说最有效的方法。瑜伽或其他运动，引导式想象（在头脑中想象出舒缓的场景或体验，尽可能充分使用感官），渐进式肌肉放松锻炼（从头到脚，系统地、缓慢地让身体肌群先保持紧张，然后放松）和冥想，都是好的开始。在网上你可以找到大量此类方法的各种应用程序和资源。

像学习任何技巧一样，我们需要勤加练习才能获得期望的效果。因此，要提前安排好时间努力练习你选择的技巧，比如每天 20 分钟。即使你每天只花 5 分钟做减压练习，也比什么都不做要好。但一般来说，你练习这些技巧的时间越长、频率越高，身心释放的压力就越多。

我建议大家掌握并在日常中运用的一个简单练习是深呼吸。深呼吸能激活副交感神经系统，引发放松反应。呼吸是一种自动的身体功能，很多人都不太会去注意它。但是，呼吸的方式会对你的感觉和身体功能产生深远的影响。例如，特别易受焦虑影响的人，往往会有更快、更浅的呼吸模式，这会导致心率加快，血液中二氧化碳浓度增加。这两种情况都会加剧焦虑、疲劳、抑郁、注意力不集中和全身不适的感觉。

有许多不同的呼吸模式分别适用于不同的目的，比如自我放松或自我激励。我喜欢的一种简单快速的镇静方法是“五–六–七”呼吸法。这种方法需要闭上嘴巴，缓慢地用鼻子吸气 5 秒，屏住呼吸 6 秒，然后用嘴巴缓慢吐气，发出呼噜声，持续 7 秒。伴随着缓慢的吐气，你可能会感受到一种瞬间的放松，肩膀放松了，血压也可能随之下降。重复这个方法，做 5~10 次完整的呼吸。每天做 2~4 轮——不限于迫切需要冷静下来的时候——可以降低你全天的压力反应。

当然，要优先保证充足的高质量睡眠。保持一致的睡眠–觉醒模式（如第七章所述），也是降低情绪反应强度的重要步骤。经历部分睡眠剥夺或失眠的人接触刺激情绪的图像或情景时，情绪反应会增强，特别是杏仁核的活跃度会增强。更重要的是，快速眼动睡眠（REM）（与做梦关系最密切的睡眠状态）对情绪加工非常重要。因此，如果没有得到足够的深度睡眠，你可能会发现自己的情绪反应比平时更激烈。

白天做一些有氧运动可以让你夜晚睡得更香，但不要在快睡觉的时候做运动，因为剧烈的运动可能会让你精神亢奋。夜晚要避免曝露在强光下，包括电视和其他电子设备。把灯光调暗，做一些柔和的活动——阅读一本不太刺激的书，听一些平静的音乐，洗个热水澡，或者吸入一些舒缓的气味（见下文“有趣的事实”专栏）——可以帮助你从一天的压力中解脱出来，进入一个更放松的状态。确保你的卧室安静、黑暗、放松，并且温度舒适（根据美国睡眠基金会的数据，理想温度在 60°F~67°F[①] 之间）。如果有多余光线透进卧室，考虑安装遮光布或窗帘。如果外界噪声干扰了你的睡眠，可以考虑使用白噪声机器或播放自然舒缓的声音（如风声或海浪声）的应用程序掩盖噪声。

如果焦虑或压力使你很难入睡或持续睡眠，考虑买一条有重量的毯子，它可以让你感觉踏实、安全、有包裹感，从而让你睡得更好。这就像把一个婴儿放在婴儿床上睡觉前把他包裹起来。因为一条有

① 60°F 大致相当于 15.6℃，67°F 大致相当于 19.4℃。——编者注

重量的毯子会模拟被温柔拥抱的感觉，激发催产素的释放，催产素能让人感到平静和放松。如果想尝试的话，找一个适合你身材的有重量的毯子（重量大约是你体重的 10%），材料要让你感觉舒适。另外，确保毯子各处的重量均匀，以带来坚实、持久的触觉刺激。

有趣的事实

早在古代，精油就被用来促进健康，提高幸福感，特别是在古代中国和埃及文化中。最近，一项强有力的研究表明了芳香疗法的力量，特别是吸入薰衣草精油的香味。芳香疗法降低了健康人的焦虑水平，改善了他们的睡眠质量。对于患有各种疾病的人，芳香疗法具有同样的效果。吸入香根草油或香草气味也有助于睡眠。所有这些气味都是通过改变脑波来发挥催眠的神奇作用，从而增加深度、慢波睡眠的时间。

无论是通过调整饮食、锻炼、睡眠还是压力管理，适当地照顾、滋养身体都会对你的心理感受和身体机能产生显著的积极连锁反应。只要你坚持这些有益健康的方法——正确的饮食模式、规律的体育锻炼、高质量的睡眠和缓解压力的策略，它们都能帮助你平息体内的生理和情绪之火。为了更好地满足身体需要，你可能需要一些时间和努力来调整生活习惯。当然，治疗效果的发挥需要时间，但值得等待。这些健康的策略不仅会从根本上重置你身体的内部压力计，而且在其他许多方面对你的思想、身体和精神都有益处。这些方法不但不会让你失去什么，而且会让你获益良多。

恢复计划清单

照顾好你的肠道微生物，它们需要你！你要每天食用抗炎和富含益生菌的食物。

养成每天至少做十分钟轻快运动的习惯，你的身体是为运动而生的。有氧运动除了能改善情绪，还能缓解压力。

给自己“注射”一剂催产素——向你信任的人索要一个（或两个）坚定的拥抱。

利用“五－六－七”呼吸节奏控制体内氧气和二氧化碳的流量和比率，进行日常减压。

吸入身边的香味，让自己平静下来。你的鼻子会把这些香气传递到正确的位置——大脑。

第九章 重拾大自然的恩赐

万事万物在大自然中休戚与共。

威廉·莎士比亚，《特洛伊罗斯与克瑞西达》，第三幕第三节

回想你最后一次去树林里散步，漫步在花园或宁静海滩的时候，毫无疑问，那种感觉就像给了自己一份礼物，享受大自然伟大的疗愈功能。当时你可能不会担忧前一天工作中没有完成的 20 件事、孩子们对你出言不逊、华盛顿政治马戏团发生的事、难民危机、最新的性丑闻或是其他煽动性问题。观赏着大地上万花筒般的色彩，听着鸟儿啁啾的声音，享受着微风拂过脸庞的感觉，你的思想跟随脚步一起游荡。也许你刚开始闲逛的时候还在思考这个世界到底出了什么问题，但当你重新体验到自然界令人敬畏的力量时，这些想法可能会从你的脑海中消失。户外活动可能会让你重新感到神清气

爽，充满活力（如果你没有一直拿着手机的话）。置身于大自然中，你可能会走出烦恼的世界，心生敬畏，从而感受到比自我更广阔的存在。

大自然的这种作用没有什么神秘之处，甚至有一个名词来形容人与自然之间这种潜在的联系——biophilia（意为“亲近生命的本能”）。这个词的意思是对生命或与自然相关的事物的爱。社会心理学家埃里克·弗罗姆创造了这个词，生物学家爱德华·威尔逊在他的书《亲生命说》（*Biophilia*）中普及了这个词。爱德华·威尔逊提出了一个假设，即人类天然具有亲自然的倾向。不断有更多令人兴奋的、有见地的研究巧妙地证明了大自然对人类的疗愈作用。在大自然中度过一段时光可以减轻抑郁、注意力缺陷的症状，甚至可以缓解创伤后应激障碍。“一剂大自然”可以让我们平静下来，提振精神，减轻压力，增强创造力。它还能降低血压，改善免疫功能，包括降低炎症标志物，如促炎性细胞因子和白细胞介素-6。除此之外，大自然还可以增强我们的活力和能量，让我们更加慷慨、利他、有同情心。

然而，我们许多人的生活方式却是与自然疏远的，这加剧了我们的焦虑，剥夺了我们看到周围生态系统的复杂性和美丽时所能体验到的惊奇感。我们沉浸在日常家务、通勤和工作中，基本上活在“室内社会”。现代人禁闭于室内，科技的发展剥夺了人的真实感受。我们依靠人造光生活，远离自然世界的气味、声音和景象，而那正是我们人类从中进化而来的环境。最近一项针对美国 12000 名成人和儿童的调查发现，56% 的人每周在户外度过的时间不足 5 小时。

我们大多数人都患有某种程度的“自然缺失症”。《林间最后的小孩》一书的作者理查德·洛夫创造了这个术语，用来描述“人类与自然疏远的代价，包括感官使用减少、注意力不集中、身体和情绪疾病发生率上升”。患上自然缺失症，我们剥夺了自己体验大自然的机会：新鲜的空气、太阳辐射的能量、植物生命的无限美丽和复杂性、动物生活在自然栖息地的迷人景象以及健康的生态系统发出的声音和气味。

然而，我们中的许多人甚至没有意识到这种缺失。正如弗洛伦斯·威廉姆斯在她的《自然修复》一书中所写：“我们对自然环境的体验不足以让我们意识到自然带给人类的复原力量，我们的一些研究结论也没有让我们充分意识到，大自然让我们更健康、更有创造力、更具同情心、更容易与世界和他人相处。”每天，当我们置身于大自然中，倾听溪水潺潺或风穿过树林沙沙作响的独特声音，观察动物的迷人行为，目睹一望无际的植被和多样的地形，就会对自然对人的生理和心理的镇静作用有更多的了解。这不仅仅是因为你改变了常规的（室内）生活方式，还与我们的大脑对自然做出的反应有关。

孩子们在自然环境（如绿地或草坪）中度过休闲时光时，比起在人工建筑环境中（如柏油路上、操场或篮球场里）度过类似的时光时表现出更强的专注力和注意力。孩子在这两种环境下都能和朋友们一起开心地玩耍，但效果不同。自然环境对他们来说更具修复效果。自古以来，绿色空间的好处一直受到追捧。越来越多的研究从各方面解释了个中缘由。其中一项研究与注意力恢复理论有关。这个概念是由密歇根大学心理学教授雷切尔·卡普兰和斯蒂芬·卡普兰博士提出的。根据注意力恢复理论，人们在大自然中待上一段时间后，可以更有效地集中注意力和引导注意力，因为与自然环境的互动具有内在的吸引力，自然刺激激发了我们的想象力——树叶在微风中沙沙作响，水流过溪涧中的岩石——大自然以迷人的方式吸引我们的注意力，而不需要我们付出太多的关注和努力。这让我们从“引导”注意力的努力（一种对特定信息有意识的、刻意的关注及其伴随的认知过程）中脱身而出，使我们的头脑有机会休息和充电。

相比之下，在城市环境中生活接收到的是震耳欲聋的强烈刺激，有喇叭声、警报声、背景噪声，还有人群和交通的混乱无常。城市环境是一片疯狂的丛林，缺乏秩序和可预测性，需要我们引导自己的注意力去应对大量不确定性和过度刺激。城市环境可能令人兴奋，但很少能让人感到修复。能够轻柔地关注吸引人的刺激——研究人员所谓的“软魅力”——是注意力恢复理论的一个重点，因为它“不需要太多努力，但也为反思留下了心理空间”。这一点很重要，因为心理疲劳会引发情绪变化和心理困扰。正如斯蒂芬·卡普兰在 1995 年所说："易怒是一个无法有针对性地运用注意力的人的特征。"经常感到狂躁或者大脑饱受煎熬，都是情绪炎症的征兆。

心灵的大自然疗法

让我们仔细看看在大自然中度过时光对焦虑的头脑、身体和灵魂为何具有抚慰作用。就原始的天性而言，绿色环境为人类提供了安全感，因为它意味着生物多样性、足够的水源和建造避难所的建筑材料（无论是树叶还是树枝）。接受阳光照射对许多身体功能都是必不可少的，包括维生素、激素和神经递质的合成。而且阳光能唤醒我们，赋予我们能量，使生物钟准时运转，让人心情愉快。

还有海洋的恢复能量。水有一种惊人的能力，可以带来平静、愉悦和快乐的感觉，因为它给人以丰富的感官体验。观看自然水域是迷人的，它们的简单可以抚慰人心。记录脑电波模式的脑电图显示，凝望广阔的水域实际上可以改变我们的脑电波。临床心理学家、"每日帮助"播客的主持人理查德·舒斯特解释说，在凝望水面时，脑电波会进入一种缓慢而和谐的模式，类似于我们冥想时的状态。此外，海浪规律的节奏和美丽的浪头极富吸引力。注视波光粼粼的水面能点燃大脑的奖励中心，海浪的声音使我们的杏仁核安静下来，并能作用于阿片受体，使我们感觉平静。

从进化学或进化残留的视角考虑，自然水体的吸引力是可以理解的。我们的两栖动物祖先来自海洋，我们之所以被海洋深深吸引，部分原因可能是由于海洋是我们的祖先必需的生存环境。即使在今天，水和盐分也占据了我们身体的大部分重量——在出生时，水约占婴儿体重的 78%，而成年男子体重的 60% 是水——因此海洋对人类的共生吸引力是不容忽视的。

毫无疑问，身处各种自然环境会刺激我们的视觉、听觉、嗅觉、触觉乃至味觉。在 2017 年一项涉及 128 名成人的研究中，中国台湾地区的研究者发现，参与者进行两小时的森林浴［或称森林疗法，包括视觉刺激（观看风景）、听觉刺激（鸟叫声和流水声）、嗅觉输入（植物的气味）和触觉刺激（接触树叶和树木表面）］后，参与者的自主神经系统活动（根据心率和血压值）降低，情绪状态明显改善。具体来说，他们在紧张–焦虑、愤怒–敌意、疲劳–惰性、忧郁–沮丧和困惑–迷茫等维度的得分显著较低，在活力维度的得分更高。（在科学文献中，活力指的是表现出能量、热情和活力，而不是疲劳、倦怠和耗竭。）森林浴使我们将视觉、听觉、嗅觉和触觉等感官投入大自然中，成为人类与自然和谐相处的桥梁。

人类是多感官生物，在长期的进化中依靠感官保证自身的安全和生存。在大自然中度过时光时，身体感官可能会以我们意识不到的方式发挥作用。正如澳大利亚研究者在 2017 年《国际环境研究与公共卫生杂志》（*International Journal of Environmental Research and Public Health*）的一篇评论中指出的那样，有证据表明，通过其他途径体验自然，包括“摄入或吸入植物杀菌素、空气负离子和微生物”，可能有益于人类健康。无论这些感官和非感官的途径是串行还是并行的，是协同还是叠加的，对你的身体和心理健康都有深远影响。

植物杀菌素存在于空气中，是芳香的、具有抗菌特性的微粒，由植物释放出来抵御细菌和昆虫等害虫。人类只需在含有植物杀菌素的环境中待上几个小时，就能减轻压力，更加放松，提高免疫功能。由于植物杀菌素是大自然本身具有的芳香疗法，我们又有了一个令人信服的理由去做自然保护主义者，从松树、桉树和柑橘树的芳香中获益。想想看，人们为了能吸入健康的气味，花很多钱购买植物精油，可是，这些香味在它们的原始栖息地——大自然中是很容易免费得到的。城市规划者、景观设计师和重视保健的人应该注意：选择能够修复地貌同时释放植物杀菌素的本土植物不仅有利于当地的生态系统，还能为人类的健康和幸福带来自然和系统的益处，可以抵消一些社会问题对我们健康的损害，如社区退化、贫困和医疗服务不畅等。

空气负离子是一种带电粒子，大量存在于各种自然环境中，包括森林、瀑布和海岸。山区空气负离子含量最高，其次是农村和沿海地区。城市环境中负离子含量最低。接触空气中的负离子可以减轻抑郁和焦虑，改善情绪。这就是为什么人们常说当他们靠近海洋时，心理感觉和睡眠质量更好。即使在高压任务中，接触空气中的负离子也会降低免疫系统的反应性，减轻焦虑、消极情绪和紧张感。

反复接触微生物——自然环境中土壤、水和空气中的细菌——可以减少炎症，增强对压力的恢复力，并有助于维持体内多种有益健康的肠道细菌生长。特别是一种自然存在于土壤和水中，名为母牛分枝杆菌（mycobacterium vaccae）的细菌，它能提高5-羟色胺水平，而且，至少在老鼠身上（我们和老鼠有着相似的神经回路），它对记忆和性欲有积极的影响。请放心，你不需要吃泥土来培养这些有益的细菌，因为在显微镜下可以看到它们存在于我们呼吸的室外空气中。

彼得是一位45岁的环球大厨，主要在美国和澳大利亚两国之间奔波，当他度过一段喧嚣和快节奏的城市生活后，会去野外冒险，在新鲜空气和宁静中消磨时光。他在一个农场里长大，所以，待在没有任何人际压力的灌木丛会让他想起自己的根，以及生命中最重要的事物。“这些短途旅行成了我的中年奶嘴，”他说，“在疯狂的旅行时间表之间，我没有太多时间去感受专注和静谧，但在大自然中度过的时光绝对能让我保持心理健康。”在花时间享受大自然的感官之乐，自我反思，在明火上做饭，并与“反社会的社会世界”隔绝之后，彼得觉得自己充满了活力。“独自待在野外，大自然提醒我，我是一个拥有自己的目标，拥有诚实品质的人，”他补充道，“而且让我对自己在这个星球上的位置有了更深刻的认识。”

想要从大自然中获益，不一定要去野外。"附近的自然"，如公园、花园、树林和其他景观都是有效的。研究表明，接触附近的自然环境可以弥补社会联系的不足，从而降低压力水平，减轻焦虑和普通心理障碍，改善整体的幸福感。一项针对英国7272名居民的调查得出结论："经常到大自然中去的人觉得自己的生活更有价值，前一天接触过自然的人更快乐。"换言之，小行动可以有大作用，让你的状态更加积极。

与动物在一起的隐藏力量

你知道吗？在美国，饲养宠物的人数越来越多，其中养狗的人最多。这是真的。事实上，自1988年以来，饲养宠物的家庭比例增加了21%，达到了历史最高水平。当你想到在忙碌了一天后抚摸自己的狗或猫的情景时，会感到非常放松，这一点儿也不奇怪。这种效果不仅仅是因为宠物给予我们无条件的爱，还因为与宠物互动会刺激催产素（又称"爱的激素"或"亲密激素"）的释放。催产素的激增可以改善你的情绪、同情心和信任水平，同时降低你的恐惧、焦虑和攻击性。与宠物或其他动物互动还会降低压力激素，如皮质醇、肾上腺素和去甲肾上腺素，并降低心率和血压。

这些感受至少在某种程度上是双向的：芬兰的一项研究表明，

当你微笑并充满爱意地凝视你的狗的眼睛时，它的催产素水平也会飙升。你对你的狗越好，它分泌的催产素就越多，这会让你更加喜爱你的狗狗。这是一场爱的盛宴，在生理上和心理上都是！

这些影响是如此强大，以至于在你应对一项挑战性任务（比如一项评估处理问题能力、即时记忆能力和注意力的电脑音频任务）之前，花时间和狗相处可以减轻身体在任务中的压力反应。不光与狗相处能引发这种平静效果，一种新的健康趋势叫“奶牛拥抱”，人们可以去给牛刷毛，抚摸牛或拥抱牛。还有山羊瑜伽，你可以在活山羊旁边做下犬式或儿童式。在对动物辅助治疗的进一步研究中发现，马疗法，即人与马之间的互动（包括梳理、喂食、给马套上缰绳、牵马，有时还会骑马），可以减少一些经历强奸、严重事故或在军队受伤后出现创伤后应激障碍的人的创伤后应激症状、广泛性焦虑和抑郁症状。

38 岁的克洛伊在为一家大型保险公司工作期间感到非常焦虑和沮丧，她觉得自己“内心正在慢慢死去”。她说：“我为了努力成为别人期待的模样深感疲惫。”为了减轻情绪上的焦虑，她开始在康涅狄格州的家附近接受马疗法。她立即体验到了渴望已久的效果。“马是非常聪明的动物，它们能识别语言和非语言的暗示，也能识别你是高兴、悲伤还是生气。”她解释说，“它们也会模仿你的能量状态，所以如果你感到沮丧和愤怒，它们会向你传达平静的信号，试图让你平静下来，比如舔舐嘴唇或深呼吸，否则它们会走开。

它们在教你把垃圾留在门外，真正活在当下。”

大自然可能还有其他许多我们尚不完全理解却能重置我们的身心内在平衡的作用，这取决于我们所在的环境和生活方式。人们如此渴望来自大自然的感官体验，这种日益强烈的兴趣催生了以盐洞或漂浮疗法为特色的温泉企业。这些舒适的人工洞穴分布在城市和郊区，模仿喜马拉雅山的盐洞建造，里面通常有大量的水晶盐岩和躺椅。在盐洞疗法中，一台机器将干盐磨碎，并将其中的微粒与负离子一起泵入空气中，当你呼吸空气时，它们会被你的身体吸收。在漂浮疗法中，你要爬进一个装着 10 英尺深的温水和近 1000 磅爱普生盐的水箱里，在黑暗和寂静中漂浮。

最近几年，斯蒂芬定期去当地的一个盐穴。“我强制让自己停下来休息，”他说。“一次治疗后，我觉得呼吸更通畅了，因为鼻窦干净了，我觉得精神饱满，变得放松，仿佛重新找到了内在平衡。”

敬畏的奇迹：开阔你的视野，欣赏世界

置身自然当中确实能帮助你专注当下，把思想从嘈杂的日常生活中解放出来，感到自己是更伟大的存在的一部分。几千年来，人类都会凝望夜空，这对情绪有疗愈作用。你听说过“夜空依恋”这

个词吗？某些人对夜空具有强烈兴趣和心理依恋。具有这种心理倾向的人在夜晚观看发光的月亮、闪烁的星光和明亮的行星时，可以进入一种深刻忘我的心理状态——类似于前面描述过的心流状态。研究表明，凝望夜空可以使人平静，缓解紧张，改善情绪。这会促进一种健康的应对机制：既能理性地解决问题，又能拥抱新体验。要想获得这些益处，你不必成为一名天文学新秀，只需要在晚上散步，或者站在你的屋后平台或天井里凝视黑暗的天空。

这些影响可能部分源于这个事实：在大自然中的许多体验，无论是凝望月亮，在林间漫步，还是在沙滩上聆听海浪的声音，都会让人产生一种敬畏感。那是一种充满敬意的尊重和惊奇的感觉，我们感受到一种庄严或强大的存在，超越了我们对世界的理解。激发敬畏感的体验近乎灵性层面的感受。我们都体验过被某种广袤、神秘或美丽的存在吸引的感觉。无论是从悬崖顶上俯瞰大峡谷，还是从峭壁顶端眺望大海，我们忘却自己，并与比我们更宏大的事物联系在一起。无论那份联系多么脆弱，至少有一瞬间，我们获得了一种崇高感。

观看自然景观会让我们忘却头脑中的想法，并提醒我们，自己是一个更大的宇宙的一部分。来自荷兰的一项研究发现，比起观看以草、树叶和树木等日常元素为主题的中性自然场景，观看唤起敬畏感的真实自然景观或幻灯片，如壮丽的山景、雷雨、彩虹或日落的戏剧性景观，更能够提振情绪，激发深刻的感情（如谦卑感）和更积极的社会取向。在另一项研究中，加州大学欧文分校的研究人员考察了自然引发的敬畏感是如何对来自服务水平不完善社区的退伍军人和儿童产生正面影响的。参与者参加极速漂流活动一周后，他们的健康状况和压力诱发的症状有了持续的改善。比起其他任何积极情绪，最有可能解释这种变化的原因就是他们感受到的敬畏感。

这种超越性的感受甚至会将大脑活动的焦点从自我中心向外扩展，大量的研究表明，引发敬畏感的经历与谦卑、同情、感激和乐观之间存在联系。在 2019 年的一项研究中，来自荷兰的研究者利用功能性磁共振成像获得了对与敬畏体验相关的大脑网络的洞察。在观看激发敬畏感的视频时，一部分参与者被要求尽量全神贯注地观看风景，一部分参与者被要求统计视频中视角变化的次数。那些专注观看视频画面的参与者的大脑默认模式网络的活动减少，额顶叶网络的活动增加。研究人员称，这一发现“突出了敬畏刺激迷人、引发沉浸感和吸引注意力的本质；敬畏刺激有助于减少自我反思式的思维”。

唤起敬畏

回想你曾经体验到一种敬畏、好奇或惊奇的感觉的时刻。也许，那是你穿过一片黑暗的森林，突然跌跌撞撞地走进一片阳光明媚、开满野花的草地的时候；也许，那是你爬上山顶，一览无余地观赏山下壮丽景色的时候；也许，那是你在一个巨大的屏幕上观看野生动植物纪录片的时候。试着记起，当时你觉得这个更广阔的、美丽的世界是多么神奇美妙，你对自己在宇宙中的位置感到多么谦卑。试着记起，当你沉浸在这些环境中时，时间是如何“变慢”的，这样你就可以尽情享受当下。

每个星期，我会多次有意识地回想我坐在哥哥家附近海边的岩石峭壁上，享受着太阳消失在地平线上的迷人景象。重温这段经历，不仅让我从一天的情绪压力中得到喘息，还能在几分钟内带来一种深刻的平静感。

主动寻求更多能唤起敬畏感和惊奇感的日常体验有很多益处。它可以很简单，比如早起看日出，或者晚上花几分钟对着星空沉思。定期用令人敬畏的经历来补充你的记忆库能鼓舞人心，具有变革性的启发，是情绪炎症的解毒剂之一。

与自然相处不仅能带来有意识的快乐，还会让你体验到一些可能意识不到却同样有益的经验。例如，我们在不知不觉中受到分形奇迹的影响。分形是指在不同的尺度上重复出现的模式，在自然界中随处可见。想想一片叶子上的叶脉网络，雪花中的微小晶体，风吹在沙漠沙丘上留下的图案，或是罗马花椰菜上的螺旋状小芽，它们井然有序的样貌几乎能让你开心得咯咯笑起来。这是有原因的：

虽然我们大多数人都没有意识到这些重复的模式，但我们的眼睛将它们记录下来并向大脑发送平静的信息，表明我们身处一个有序的、可预测的空间。这增强了我们的安全感和平衡感。令人惊讶的是，事实上，被分形激活的视觉皮层会与小脑进行交流，而小脑是维持我们身体平衡的脑区。

有趣的事实

你知道敬畏有时被认为是一种“审美情感”吗？你知道有这样一个情感类别吗？审美情感还包括你因为一样东西的审美吸引力而观察和评价它，从而产生迷恋、惊奇和其他情绪。当你观赏一幕令人惊叹的自然景观、一次日食、一件美妙的艺术品、一场艺术大师级的音乐表演、一部动人的电影，或者其他美丽动人的事物时，这些情绪会让你起鸡皮疙瘩，或者后背发凉。研究人员甚至开发了一种“审美情感”量表，用来衡量审美情感的强度和质量。审美情感会让你感到精力充沛或兴奋，也可能是平和或满足。因此，除了花更多时间接受大自然的神奇影响，我们还可以去参观艺术博物馆或雕塑花园，观看舞蹈或音乐表演，以激发不同类型的敬畏和惊奇。

想要证据吗？在一项研究中，瑞典的研究者向35个人分别展示了1分钟具有分形特征的视觉刺激，同时通过脑电图监测他们的大脑反应。他们发现，观看自然分形图案会引发阿尔法波活跃，这表示大脑处于一种警觉而放松的状态。正如研究人员所指出的，这与注意力恢复理论是一致的。注意力恢复理论认为，理想的恢复状态是放松而警觉的状态，这样人就有了思考其他事情的心理空间。并非只有被动的体验才能让你获得恢复性益处。例如，研究已经证明，园艺可以降低应激激素皮质醇的水平，做完后人的情绪会更乐观。而来自丹麦的研究发现，当患有与压力相关的精神疾病的人在花园里工作、砍柴或采药时，这种经历会让他们产生更大的安全感和自由感，花园里的感官刺激会强化这种安全感和自由感，同时也会让他们的身心感到平静。如果你没有自己的庭院或花园，可以考虑开辟一个，或者加入社区花园，甚至可以简单地在窗边种一盆花或草，定期照料它。

获得大自然的恢复性元素也不需要投入大量时间，关键要配合你的时间表和情况。人们发现，到户外的绿色环境中散步（或是别的运动方式），每次只需要5分钟，就能改善情绪和自我评价；如果能在靠近水面的地方散步，效果会更好。所以，如果一整天都在没有窗户的办公室里工作，你可以到外面吃午饭，最好找一个公园餐厅，而不是在办公桌上吃饭。下午3点左右，你可以在街区周围散步，重新调整你的精神状态。周末，你可以沿着河流、运河或湖泊散步，也可以去森林里散步，获得更好的效果。

把大自然带回家的好处

只需要一点创意和计划，就可以诱使你的大脑做出反应，让它以为你处在一个绿油油的室外空间里，而不是在四面墙壁的家里或工作场所。你可以在家里或办公室里挂上生动的大自然图片（如阳光斑驳的森林、雄伟的悬崖或沙丘），也可以把墙壁涂成绿色，感受大自然的治愈力量。研究发现，如果可以选择，人们会更喜欢那些有水的照片，认为这些照片更能改善他们的情绪。科学文献里充斥着大量研究报告，说明观看大自然的场景如何减轻压力和身体疼痛、提高注意力和认知能力以及其他身心益处。

这里有一些大大小小的方法，无论你生活和工作在哪里，你都可以重获大自然的恩赐，让它们站在你的一边。

- **融入亲生物的设计元素**。从环境心理学中吸取经验，创造包含自然元素的家庭和/或工作环境。你可以直接引入自然元素，如自然光和空气，植物和水（也许可以设置一个小喷泉）。你也可以选择曲线造型家具而不是直线造型家具，选择木材或石头等天然材料而不是金属或塑料。加入显示分形和其他自然元素的物品或图像。

下一次你到自然中散步时，收集形态好玩的长棍或芳香的松果，放在桌上的花瓶或碗里。如果有人质疑你的设计美学或行为，你可以告诉他们，研究发现，融入亲生物的设计元素可以减少压力，增强创造力和清晰的思维，并提升幸福感。研究表明，当人们处在自然环境中而不是城市环境中时，他们的心率、脉搏、肌肉张力和皮肤电导的测量结果显示，他们从压力中恢复得更快、更彻底。

- **让自然之声环绕你**。心理声学领域已经为大脑对声音做出反应的方式提供了非凡的见解，其中包括这样一个事实：流水的音乐可以极有效地使人平静下来，降低大脑的战斗或逃跑中心杏仁核的活动。所以，当你在家做饭或工作的时候，打开一扇窗户或者在一个应用程序上倾听自然之声（比如叽叽喳喳的鸟叫声、潺潺的流水声、风或海浪的声音），对你会有好处。瑞典的一项研究发现，在完成一系列压力性任务后，倾听大自然的声音可以加快压力后的身心恢复。自然之声还有其他有益的作用，包括使大脑的杏仁核平静下来。如果你晚上无法入睡，可以考虑使用一个音乐播放器或手机应用程序播放海浪或风的声音（把音量调小）。

- **在室内种植植物**。除了给环境增添色彩和质感，室内植物能向空气中释放氧气，吸收二氧化碳，改善室内空气质量。而在养有植物的“绿色”办公空间中工作的人比那些在极简空间工作的人的工作效率会更高。（据说，在工作时，有淡淡香味的小型绿色植物对健康和幸福感最有好处。）

- **培养感官绿洲**。在容易拿到的地方放一本有让人放松或鼓舞人心的自然照片的书，当你需要提神的时候，就可以翻开这本书，重新调整情绪和思维。在你的办公桌上放置一个小禅岩花园，创造视觉上的休息画面。在电脑上把你最喜欢的一张风景幻灯片链接加入书签，在需要的时候，你可以观看这张照片来拯救情绪。

有时候，不管对世界现状多么沮丧或愤怒，观看一段“狼群如何改变河流”的视频，都能让我进入一种超然的状态。这段四分半钟的视频中有让人兴奋的嚎叫声、令人不能自已的美丽景观，包括壮阔的风景、河流和瀑布，以及激动人心的多种多样的动物。这些画面让我充满了惊奇感，体验到无限的可能性，并使我平静下来，坚信只要我们共同努力，就能恢复我们身在其中的（唯一的）世界。

* * *

好消息是，你可以通过亲自体验敬畏感，将自然元素带入你的日常生活，重新点燃你与自然世界的关系。在某些情况下，我们甚至不需要去太远的地方就能找到自然，我们只需要注意观察。如果你住在郊区，可以有意识地在早上醒来时听听鸟叫，在黄昏听昆虫发出的嗡嗡声，观察风吹云动形成的光影。这些抚慰方式都能满足人类对感官体验而非分析体验的需求。

如前所述，乡痛是一个相对较新的术语，指的是看到或想象到自然世界中珍贵的地区受到不可逆转的损害所产生的精神痛苦。虽然我们不可避免地会遭受一些乡痛，然而，如果在日常生活中拥抱大自然的奇迹和恩赐，同时采取措施保护自然，我们会获得深刻的力量，得到治愈，从而抵消这种痛苦。正如你所见，大自然的财富随处可见，你可以汲取其中的大部分。正如伟大的美国建筑师弗兰克·劳埃德·赖特向学生们提出的建议："研究自然，热爱自然，亲近自然。自然永远不会让你失望。"这对我们所有人来说，都是很好的一课。

恢复任务清单

在绿色空间里散步，和宠物玩耍，观看自然环境的图片，从而恢复你的注意力和情绪耐力。

把大自然的元素融入你的家和办公室——把植物、松果放在碗里，或者在窗前养一盆植物。

每天观看一些分形的形象，观察树叶、茂盛的树、冰柱甚至是一头罗马花椰菜的重复模式。分形为你的精神创造一种平衡感，帮助大脑调节情绪。

有机会的话，你可以到户外去听大自然的声音，或者用一款应用软件收听海浪拍岸或风在树林中沙沙作响的声音。

凝视夜空，对着月亮和星星沉思，与宇宙带来的敬畏和奇迹的力量联结。

第十章

锻炼你的力量

行动是绝望的解药。

琼·贝兹，美国民谣歌手、作曲家和活动家

持续在高度警觉、无助或不安的状态下生活，这些感受会渗透到我们的深层意识中，对我们的社交、心理和灵魂产生不稳定的影响。当出现大问题时，就像许多造成情绪炎症的社会和全球性问题，没有人可以给出简单的答案，这时我们自然会想：我个人能做一些真正有影响力的事吗？答案是响亮的“是!”，为了你自己的幸福和整个世界，每个人都应该行动起来。只要是能够使世界变得更加人道和公平的行动，都会加深你的幸福感和力量感。

事实上，能解决我们许多人的沮丧和无助感的最有效的解药之一，就是卷起袖子，以某种方式采取行动。伟大的古希腊哲学家亚里士多德在其著名的《尼各马可伦理学》中宣称，当我们用有意义的行动充实生活，并怀着尽善尽美的热情去行动，我们就实现了自我的最高目标和全部潜能。对亚里士多德来说，这反映了美德。采取行动也能带来一种掌控感。但这并不意味着我们必须完成一项伟大的“拯救时代”的英雄事迹，我们的目标是去做你力所能及的事情，并且所做之事符合你的价值观、技能或天赋，从而以某种方式改善问题。我们大声疾呼反对社会不公，帮助需要帮助的人，为他人提供培训教育，联系立法者，自愿参加我们信任的社会推广项目，在气候问题严重的时代减少碳足迹，我们每个人做有意义的事情都有各自不同的方式。

对你而言，采取行动可以立即提振情绪，让你感到轻松，因为它让你不必努力掩盖或忽视焦虑感。发现阴影之下焦虑的源头，在阳光下看到焦虑的组成成分，并将注意力转向你能做的事。这是一种个人化的可能性疗法，是一种人本主义的实践，专注于发现或解决你的困难和恐惧，而不是被情绪不适的“原因”所困扰。通过有意识的行动，我们可以化脆弱感为有用的、具体的补救措施。找到烦恼问题的上游解决方案会让人感到振奋，特别是当我们看到积极的结果可以改善许多人的生活时。成为改变的代言人也可以减轻你的情绪炎症，因为积极主动的正面影响抵消了无助感。另外一个好处是，这个过程激活了大脑的奖励中心，强化了你的参与欲望。最终的效果是：你不仅会觉得自己有能力，而且心理上也会更有弹性。

面对人类共同的各种严重问题，采取行动的意愿并不总是自然出现的。有些人倾向于袖手旁观，无声地证明了旁观者效应的力量。1964年，28岁的姬蒂·吉诺维斯在纽约被谋杀后，社会心理学家约翰·达利和比伯·拉坦埃普及了旁观者效应的概念。吉诺维斯在她居住的街道上，在众目睽睽之下被多次刺伤，但没有人立即报警，也没有人上前帮忙。这场悲剧在社会上引发了强烈的反响，人们不禁要问：是城市生活的匿名化，还是整个社会的匿名化，让人与人之间如此疏离，对别人的苦难漠不关心？

在研究旁观者效应时，达利和拉坦埃得出了一个关于人类行为的惊人结论：在危急时刻，人群越庞大，我们做出反应的可能性越小。除了人群的规模，其他因素也会导致旁观者效应，包括责任扩散（如果大家都目睹了事件的发生，责任就不光是我一个人的），在人群中相对匿名的感觉（没有人认识我），以及无意识地认同他人的判断（别人都没有行动，我为什么要行动呢？）。这种社会瘫痪或不负责任，造成了人们不愿干预犯罪过程，也不愿站出来反对各种社会不公。

焦虑引发的不作为是会传染的。如果人们频繁见证这种现象，它就会成为一种社会常模——也就是说，在特定的环境下，看到别人以某种方式行动，我们（在大多数情况下）无意识地接受，那就是社会所期待的行为。但不作为会强化我们的创伤感，因为它阻止我们去做那些可以减轻焦虑的事情。

幸运的是，这种从众心理可以扭转，并得到很好的利用。两种方法有助于打破旁观者效应：一是认识到形势的紧迫性；二是确定具体、有效的行动。这样做可以改善或补救状况。当我们意识到从众心理的力量时，我们可以利用它的巨大能量，把它变成一个机会：如果一个人选择采取行动，其他人很可能会效仿；然后，剧本就被改变了，从“别人没有采取行动所以我也不该行动”，变成“如果我以身作则，别人就会效仿”，或“看到别人表态了，我也应该表态”。这样一来，社会常模就被颠覆了，人们可能会行动，产生恰当或必要的紧迫感，推动干预行动的发生。

有件事可以证明按下这个开关的力量。设想一下，2001 年 9 月 11 日，如果乘客托德·比默没有在联合航空 93 号航班上跟其他几位乘客一起决定袭击驾驶舱，控制被劫持的飞机，会导致什么后果。比默带头冲锋，喊着那句现在已经广为人知的口号：“我们冲啊！”好几位乘客受到鼓舞，积极上前帮忙，因此，这架飞机才没有击中预定目标——位于华盛顿特区的美国国会大厦，而是坠毁在宾夕法尼亚州的一片空地上。通过按下改变社会常模的开关，比默激励其他人从劫机者手中夺回了飞机的控制权。他们为此付出了生命，但拯救了无数人。

有趣的事实

哈佛大学肯尼迪学院人权与国际事务教授、政治学家埃里卡·切诺维思博士认为，非暴力抗议可以导致重大的政治和社会变革，而且只需要一小部分人口——3.5% 的人参与就能成功！

从无到有

从另一个角度来看，在这个焦虑、动荡的时代，一个有效的补救办法就是有意识地发现并正视问题，从一名旁观者变成一名挺身而出者，大声说出真相或挺身而出纠正错误。这是从沉默观望到发出有价值声音的过程。

虽然“挺身而出者”的概念最初应用于反抗欺凌者的儿童，但它同样适用于对任何形式的社会或环境不公采取行动的人，从“Me Too”运动参与者到抗议燃烧矿物燃料的人士。哈佛法学院的玛莎·米诺教授在 2014 年一场名为《挺身而出者、吹哨人和援助者》的演讲中解释道：“挺身而出者可能会公开反对偏见和不公。挺身而出者可能是一位吹哨人，揭发不法行为，希望能阻止这种行为。一位挺身而出者可以通过直接向偏见和不公正的受害者表达和提供支持来抵制沉默和被动的诱惑。”

除了让自己更强大，做一个挺身而出者有助于加强公平原则，这是一个自由有序的社会以及我们的社区和国家的福祉的根本。任何人都可以成为一根顶梁柱。在无数事情上，无论大小，我们都有能力采取有力量的行动，发表意见，或坚持我们的信念，而不是一定要拥有非凡能力或试图成为一名超级英雄。

挺身而出者来自各行各业，他们的主要特点是：

- 因社会不公而苦恼
- 可以摆脱“群体思维”
- 从沉默或冷漠转向行动
- 认为自己有个人责任
- 认识到社会和自然面临的危险（即使当局不这么认为）
- 有远见，明白事态演变可能造成什么伤害
- 有伦理或道德标准（而非金钱标准）
- 有高度的同情心
- 通过采取行动控制目睹伤害发生产生的焦虑，即使这可能导致个人困境或牺牲

每个人都可以采取行动。如果你正在采取行动，你就是一个挺

身而出者。为了激励自己成为变革的推动者，花些时间来确定哪些问题或忧虑是你最关切的。回顾在第五章中发现的对你影响最大的诱发因素和第四章中的单词云，可以帮助你定义自己的真实感受，这种感觉不是基于别人对你的看法或你认为别人对你有什么期待，而是基于你个人真实的情感和利益。反过来，这将帮助你汇集个人的能量和努力，成为一个改变的代言人。

想想我们正在给自己的后代留下什么样的地球遗产，也会激励我们开始行动，特别是涉及气候问题、环境威胁、人权侵犯和其他社会问题的遗产。下一步是评估你对该状况的看法，然后确定你可以采取什么样的建设性行动去解决它。这个分为两步的过程非常关键，因为它能抓住你的注意力，引导你采取行动，从而帮助你减轻焦虑。

在 2017 年加州索诺玛县大火中，尽管 62 岁的艺术家莉莉自己的家没有遭到破坏，但她和她在镇上认识的几乎所有人都留下了心理创伤，他们害怕再次发生火灾。“一夜之间，火灾烧毁了 7000 个家庭，改变了这里的生活。”她说，“没人想到大火会在人口稠密的地区烧起来。我们以为火灾只会烧毁树木和森林，但不是房屋。可现在我们知道，房屋甚至比枯朽的森林更像燃料炸弹。”为了缓解这种焦虑，2019 年春天，莉莉和她的丈夫参加了由当地消防和应急服务部门举办的防灾博览会。在那里，他们接受了严肃的防火教育，学到了如何更好地保护自己的家和宠物、使用业余无线电、为家庭装备“创伤包”（一个专门的急救箱），并制订了个人野火行动计划。莉莉还见到了她不认识的邻居，如果这个地区再发生一次火灾，这些人可能会成为第一批反应者。“在地震和野火的威胁下，对可能发生自然灾害的焦虑感从未真正消失，”莉莉说，“但这次博览会让我觉得自己准备得更充分了。”

你一旦选好了要针对某一问题采取行动，就应该广泛调查情况，这样你就会自信地知道自己在谈论什么，并且能够驳斥相反的观点。然后寻找一个已经存在的，致力于解决这一问题的组织（或者一个全国性组织的地方分会），看看能否作为志愿者参与这个组织发起的活动，了解更多情况。对该组织所做的工作表示认可和赞赏，向他们学习，让他们知道你拥有什么技能，你能提供什么形式的帮助。有时候，当志愿者来到一个新的团体时，他们会担心自己能否顺利地融入当地文化。要有耐心！通常需要一段时间人们才会了解你是可以信赖的。

这是一个值得等待的结果，因为团队合作可以创造奇迹。与志趣相投的人一起为信仰的事业并肩工作，减少了独自战斗的感觉，取而代之的是一种令人振奋的心情。这种感觉是由于你觉得自己归属于更大的存在，至少暂时如此。这时候，团队合作几乎是一种获得敬畏感的途径。

近年来，56 岁的汉娜，一名新罕布什尔州的教师，亲身经历了这些积极的影响。2016 年大选过后，对于未来可能发生的事，她内心震动，尤其是在医疗保健、生育权、投票权和教育方面。“我开始感到沮丧、焦虑、害怕和愤怒。我讨厌那种感觉。”她说。为了帮助自己摆脱脑海中的想法，她开始为计划生育组织做志愿者，包括进行拉票活动，她和其他志愿者会到选民家中，了解她们堕胎背后的境遇，并询问选民对这一议题的看法是如何产生的。

“这改变了我的生活，”她说，“我和一些人进行了一些了不起的、意味深长的谈话，甚至跟那些完全反对堕胎的人也进行了交谈。通过这些谈话，我体会到，即使是那些反对我所信仰的观念的人跟我也没有太大的不同。”除了增强了同情心和人际联系，努力做出积极改变也给汉娜带来了力量，帮助她从无助变得充满希望。

志愿工作不仅能为社区带来有益影响，还能缓解压力、焦虑和抑郁，改善情绪状态。在一项涉及英国66000多名成年人的研究中，研究者发现，志愿帮助他人、团体或组织对我们的情绪和身体健康有极大的正面影响。志愿活动扩大了我们的社会网络，为我们创造了一个额外的社会支持系统。它让我们体会到成就感，更重要的是，给我们带来了一种无价的使命感。其他研究也得出了类似的结论。更重要的是，定期参加志愿活动可以缓解压力给我们带来的影响。帮助别人——给饥饿的人提供食物，与需要的人分享你的知识，或者友善对待对那些穷困潦倒的人——给予者和接受者都能感受到一份尊严和尊重。另外，看着那些受益于你的善良的人的眼睛，你会体验到一种独特的平和、满足感。

康奈尔大学的研究者有一个有趣的新发现：志愿参与环境项目

的成年人，在 20 年的时间里，身体活动更多，整体健康水平更高，抑郁症状更少。研究人员指出，参与者之所以获得这些益处，除了身体运动的增加，还可能由于他们在大自然中度过了更多时间，并收获了一种“属类意识”，即努力完成一些对后代有益的事情（在这个案例中是保护地球）。

有趣的事实

如果你怀疑一个人，就算加上一个有勇气追随他的人，能否发起一场运动，可以观看 YouTube 上的一个视频“第一个追随者：从舞者中生发的领导力”。一开始，一个光着膀子的家伙在音乐会的草垛上跳舞，他挥舞着手臂，踢着腿，旋转着，不到 3 分钟，他就成了一个鼓舞人心的领袖，一群又一群人加入了他的行列。一个孤独舞者的影响力引发了一种现象：一群跳舞的人。

授权行动，无论大小

你能为地球的健康、所在的社区和自己的生活做出各种各样有意义的贡献。每一次行动都具有一定的牵引力，微小的改变可以积少成多，因为你所做的事会向周围的人发出信号，告诉他们应该尽自己的一份力。下面是一些小举措，可以帮助你解决你关心的问题：

- 为某一项事业或向非营利组织捐款。
- 就某个问题签署一份请愿书。
- 打电话给政府官员，让他们知道你的想法（如果可能，试着给编辑写封信或给报纸写一篇评论文章）。
- 参加支持或抗议集会。
- 计算你的碳足迹，并设法减少碳足迹。
- 邀请志同道合的人来讨论这个问题。
- 在院子里放一个牌子，表达你的观点，这样你就可以影响别人。
- 检查自己的行为，纠正那些与自己价值观不一致的行为。
- 购买当地种植的农产品以及应季的水果和蔬菜，以减少二氧化碳排放。最好能自己开辟一个花园。
- 参与药品回收项目，防止处置不当的药品污染河道和土地。
- 慢跑——在慢跑的时候加入捡垃圾的新运动。
- 支持与你价值观一致的候选人。
- 参加一项竞选活动，询问候选人对重要问题的看法（又名“密切观察”）。

这里有一些更大的行动计划：

- 成立一个小组，专门讨论并采取行动解决你关心的问题。
- 发起一场信访运动，以支持某个议题，或向当选官员施压，让他们停止从与你的价值观相反的组织那里获取资金支持。
- 如果目前的工作环境不能反映你的价值观，权衡一下跳槽的利弊。
- 建立一个联盟，与地方和州代表联系，呼吁就该问题提出法案或举行听证会。
- 鼓励当地学校开设有关人权和环境保护的课程。公民意识的觉醒将帮助更多的下一代在成长过程中理解他们的重要角色。
- 在度假时做一次志愿者：帮助那些有需要的人建造房屋，恢复自然栖息地，在动物保护区工作，或参与改善健康或教育项目。
- 避免航空旅行造成的高碳排放量；放慢速度，乘坐火车。这对你是有好处的，而且最好能让更多旅行者采纳这一合理环保的旅行方式。（只要有可能，我就会这么做。如果有人邀请我去某地为一个团体做演讲，我也会做成本效益分析，权衡我的碳排放成本与传播信息的总体价值孰重孰轻。）
- 调整你的工作时间，这样你就可以有更多的时间来投身于相关活动。

- 开展投票动员活动，以提高选民的投票率和/或注册率。
- 当需要更换电器时，购买节能冰箱、洗碗机、洗衣机等。
- 选择使用当地电力公司的可再生能源。
- 与公司管理者讨论采取环保措施（照明和能源使用、办公产品、塑料制品和绿色清洁产品）。
- 考虑亲自竞选公职。为什么不呢？

自己行动起来

如果附近没有讨论你所关心的议题的兴趣小组，可以考虑成立一个，或者找一位朋友或邻居合作。写一份任务陈述，明确你的目标。考虑以下问题：你想要完成什么？为了达成目标你需要做什么？时间底线是什么？如果你想邀请其他人加入你的行列，那就请这一领域的专家来做演讲，或者播放一段相关视频。邀请关心这个问题的朋友、邻居、同事和熟人。可以考虑举办一场百乐餐或甜点派对，并提供姓名标签，这样人们会觉得自己更愿意投入，进而愿意做出承诺。

如果有兴趣，你可以组织一个团体，召开一系列会议，轮流安排议程，每个人分配好职责，确定好会议地点。收取会员费可能是个好主意，原因有两个：（1）一些研究表明，比起免费获得的东西，人们更重视付钱获得的东西。（2）出于对团体的使命感，你能好好利用这些金钱。你可以雇人或招募志愿者创建网站，设法获得许可，在当地的活动中设一个摊位，这样你就可以传播信息，招募更多成员。

信息传播的重要性

行使自我权利的一个最简单和最有效的方式是，当你看到一些明显错误的事情，发表你的意见或站出来做些什么。这意味着，如果有人受到骚扰、欺凌或虐待，你要愿意作为支援者进行干预；如果有人发表种族主义或性别歧视的笑话或言论，你要进行反驳；如果你看到有人在街上乱扔垃圾，可以简单地说“不好意思，你掉了东西”。这些是每天都可能发生的小举动，累积起来就能带来质变。

与此同时，不要害怕把令人烦恼或恐惧的话题公开化。只要在合适的场合处理得当，潜在的益处就大于坏处。例如，与孩子们谈论他们对枪支暴力、性别政治或当前其他问题的恐惧或忧虑，可以帮助他们建立自己的心理框架，并让他们从你身上学习如何以健康的方式应对或适应这些问题。

无论你是和一个人、五个人还是一群人分享你的观点，都要注意你传达信息的语气、风格和内容，因为这些因素决定着你是被听到还是被忽视。全球领先的说服专家罗伯特·西奥迪尼博士，《影响力》一书的作者，认为让别人听自己说话，培养长期行为变化的关键是去描述问题的严重性（不要美化它），使用清晰的语言和术语，让人容易理解，然后提出可以做些什么改变现状。语言描述可以抵消无助感，点燃决心，促进富有韧性和力量的行动。我们越能想象可怕的损失，就越有可能采取行动，尤其是当我们知道如何采取行动时。我们可能不愿意在和别人说话时表露自己的情绪，这种现象被称为“情绪恐惧症”，因为害怕自己的表现让别人反感。但是，人们乐于听到的言语和能够带来持续行为改变的言语往往完全不同。将必须采取行动的理由与我们能做的具体事务结合起来，才最有可能引发行动。

这些方法的美妙之处在于，当你就某个特定的威胁或问题发表演讲时，你可能会加剧其他人的情绪炎症，然后你可以捕捉到这些感觉背后的能量，并把它们转化成解决问题的动力 。这能降低人们的焦虑，强化他们解决问题的意愿。社会心理学家报告说，改变行为最有效的方法是详细描述我们想看到的行为，而不是我们不想看到的行为。由于我们天生渴望融入社会，社会认可强化了我们的选择。因此要关注其他人是如何积极行动的——你会注意到越来越多的人在倡导更严格的枪支管制法律，而不会只看到有太多人仍然对枪支安全和改革漠不关心。换句话说，当你在考虑执行一个推荐行动时，多多关注其积极面。

但是，不要把为了对他人产生正面推动而关注积极面与低估真正的威胁混为一谈。这两者有重要的区别。我的一位同事曾经批评我在描述气候威胁时过于消极，说我应该强调积极的方面。他指出，美国民权活动家马丁·路德·金博士1963年在争取就业和自由的华盛顿大游行中发表那篇标志性的演讲时没有说“我有一个噩梦”。金博士不需要这么做，他的听众对这场噩梦很清楚，他捕捉到了大众的情感，并将其转化为对正义的强烈呼唤。他不朽的话语“我有一个梦想……”告诉了人们应该期待什么：“总有一天这个国家会站起来，实现其信条的真正含义……人人生而平等。”

文字能够捕捉他人的情绪，引导他们采取集体行动，如果方法得当，往往会产生巨大的效果。事情只说一次是不可能成功的，在一条消息最终被听到之前，它必须被重复许多次。为创造变化打好基础可能需要很长时间，但是一旦基础建立了，变化会很快发生。为了改变别人的行为重复某个信息是有价值的，就像我们号召孩子们打扫自己的房间一样。不要唠唠叨叨或尖声尖气，只需要继续发出行动的号召，以可信的见解为基础，最终人们会受到鼓舞，和你一起行使他们的权利。

如果能挖掘并汲取他人的善良本性和美好意图，你就能发现彼此的共同点，建立互相信任的关系，并对共同行动做出持久承诺。正如一句古老的谚语所说：“没有什么比成功更能孕育成功。”

在一个不可预测的世界，这句话仍然是正确的。听到那些讲述正面变化的故事，看到那些展示事态进步的图片，我们会由衷感动，它们带给人希望，比如濒临灭绝的动物重新活跃起来；文盲越来越少，越来越多的人享受学会阅读的自豪感；富有创新与合作精神的共享研究治愈了疾病。这些正面变化像魔术一样奏效，能让我们重获乐观和能量，再次承诺成为变革的推动者。请留意我们人类所做的正确的事情，我们是如何做到的，以及我们如何继续扭转局面。

呼唤文明

当前，很多人都在与情绪炎症做斗争，整个世界都因为缺乏互相尊重的对话而痛苦。特别是在这个动荡的时代，我们很容易激发彼此粗鲁无礼的行为。无论是对立的政治观点，还是简单的日常事务，恰当的措辞、面部表情、语气和肢体语言都能让人产生同理心，而错误的言行则会让人反感、沉默或愤怒。

所以在日常生活中要注意语言交流和非语言交流的方式。在此借用他人的一个重要观点：很久以后，人们会忘记你说话的内容，但他们会记住你说话时传递的感觉。说到如何在这个世界上表现自己，尤其是在这个情绪激动的年代，请铭记下面这句箴言："说出来，说真话，但是要深思熟虑。”

在涉及情绪炎症或任何令人不快的事件时，采取措施去纠正或调整问题状况是一种健康的应对机制，因为你用一种掌控感取代了无助感。当你意识到采取行动是一种治疗，你就能重新体验到一种受到庇护的感觉。与其只感到脆弱和不稳定，不如改变心理能量的方向，去改变加重忧虑的根源问题，并找到志同道合的人支持你。

出于这些原因，你最好能暂时把情绪炎症看作一种可能的隐形资产，而不仅仅是一种负担。毕竟，它能激发你采取行动的兴趣和灵感，在这种情况下，唤起你积极变化的激情可能会具有感染力。当你运用自己的力量和技能时，别人就会自觉跟随你的引领，甚至是无意识地这样做。虽然一个人通常无法使世界或人类状态发生实质性改变，但我们每个人的行为是可以汇聚在一起的。在个人的层面上，通过抓住愤怒、恐惧乃至绝望的能量，并将其转化为潜在的解决方案，你的生活就会因为有了目标感而变得平静，这是治疗情绪炎症最好的药膏。

举个例子，52 岁的蒂姆是马里兰州的一名科普作家。多年来，他饱受情绪炎症的折磨，主要原因是他非常担心气候变化和环境破坏。他的脑海中经常浮现出一幅灾难的画面。他尝试压制这些不满情绪，但并没有成功，后来他决定做一名行动主义者，将自己的愤怒和沮丧转化为具体的行动，抗议化石燃料基础设施的建设，积极反对用水力压裂法开采天然气，并组织社区和联盟采取同样的行动。他选择了一种反映他的价值观的生活，而这种行为为他带来相当大的安慰，直到今天他仍然继续为改善人类的生存环境而战。

成为改变的代言人，运用自身力量去改变或修正那些困扰你的问题，这是一种拯救情绪的方法。与其屈服于痛苦的感觉，不如积极进取，有策略地思考如何使事情变得更好，这有助于改善你的生活轨迹和质量，让你拥有更大的意义感，更清晰地意识到自己的价值观，意识到自己想要过什么样的生活。练习这些采取行动、建立信心的步骤，创造一个正向循环，你更有可能继续这些建设性的行动，并激励其他人也这样做。

所以，继续向上看，向前走，把你的精力和决心投入到深思熟虑的行动中去。恢复你的情绪平衡，并帮助别人也这样做，这不仅仅只是一种愿望或梦想。你朝正确方向走的每一步，都可能使愿景成为新的现实。你已经踏上了征程。

恢复任务清单

突破旁观者效应。如果你发现某些事情可能是错误或有害的，大声说出来，并以行动去干预。

愿意与他人讨论令人不安的政治或社会话题。只要在讨论那些敏感或有争议的话题时保持机智、共情，每个人都能在表达自己的恐惧和担忧的过程中获益。

计算你的碳足迹，学习减少碳足迹的方法：乘坐公共交通，购买当地农产品，升级节能电器，用火车代替飞机作为旅行工具。

志愿帮助一个需要帮助的人，或者帮助一个你信任的团体或组织。你可以自己去做，也可以参与一个既定计划。

以身作则，激励他人在重要问题上表明立场。不要一直秘密地努力采取行动，分享你的努力！

第十一章 制订你的个人恢复计划

此时你应该已经对自身的情绪炎症及其爆发的诱因有了全面的了解。你读过了生活方式因素是如何导致、加剧或平息情绪炎症的，所以，至少在原则上，你知道如何引导自己朝正确的方向前进，在难以应付的人和事之间设定界限。既然我们很多人都处于这种情绪状态，试着对那些同样感到愤怒或不安的人保持同理心，这样你就不会无意间给他们造成痛苦。不管你是否乐意，我们都在同一条船上。

为了平息情绪炎症，恢复内在平衡，现在是时候整合你的个人恢复计划了。个人恢复计划包括一套用以防止情绪炎症爆发的积极方案，还包括作为心理救生筏的应急方案，在你已经尽了最大努力但情绪仍然不断恶化时使用。听起来这个要求可能太高，但如果你以系统的方式来完成这项任务，你将会一点一点平息内心的情绪火焰。把这看作对自己的一种投资，一种改善情绪健康、身体健康和活力进而改善生活状态的方法。

对你来说，一些方法的优先级比其他方法更高，这是由你的整体反应模式或最感苦恼的情绪炎症类型决定的。你将在下一节看到这一点。所以，根据你从这本书中已经学到的知识，花点儿时间思考你想要尝试的方法的优先顺序。

适用于所有反应模式的策略

在讨论针对每种反应模式的具体策略之前，让我们先了解以下必要的冷静方法，它们普遍可以增强情绪调节能力。

- **建立一个稳定的睡眠时间表。**养成在同样的时间睡觉和起床的习惯，了解能让自己处于最佳感觉和功能状态的睡眠时长（最有可能是每晚 7~9 个小时）。工作日和周末都要遵守睡眠时间表。如果有必要，你可以偶尔早睡或晚睡一两个小时，但睡眠时长的改变尽量不要超出一个小时。当然，除非你生病时需要额外的休息。

- **给自己设定数码设备宵禁。**在晚上睡觉前，至少提前 90 分钟关掉所有的数码设备，调暗灯光，做安静、放松的活动，比如阅读、伸展身体、听音乐或洗个热水澡。这样做有助于镇定交感神经系统，为睡眠做好准备。

- **让你的身体和思想动起来。**每天只需要做10分钟有氧运动，如快走、慢跑、骑自行车或游泳，就有助于防止应激激素与受体结合导致紧张或疲劳感。记住，经常运动也可以缓解焦虑和抑郁症状。

- **定期给情绪把脉。**尽量精确而具体地识别自己的感受，换句话说就是提高情绪的颗粒度。然后，识别你的感受：如果你意识到自己感到紧张、焦虑、易怒或情绪低落，让自己短暂休息一下，做深呼吸练习或冥想，听听舒缓的音乐，闻一种让你舒适的气味，或者在街区周围散散步。

- **关照好你的肠道菌群。**这意味着每天都要食用新鲜且含有活性菌的食物、富含纤维的食物、发酵食品和抗炎食品，如五颜六色的蔬菜和水果、全麦和碎谷类、豆类、坚果、特级初榨橄榄油、鱼类和贝类。这是一种由内而外平息身体和情绪炎症的有效方法。确保一天中饮用足够量的无咖啡因的液体。

- **纠正你的扭曲观念。**养成关注自身想法的习惯，当你发现它们变得纠结或扭曲时，花点儿时间来质疑它们的真实性。问问自己，你最担心的事情发生的可能性有多大，或者思考是否有证据表明你得到的负面信息是真实的。如果你的想法是错误的，纠正它们，并换用一种更真实（和有效）的表述。

- **满怀敬畏之心与自然相连。**在树林、花园或公园里散步，沉浸在感官刺激中：认真观察树木和植物天然的神奇图案，倾听大自然的声音（风吹过树林沙沙作响，鸟儿啁啾，小溪流水潺潺），凝视星空。注意欣赏大自然带给人类的敬畏和惊奇，你是其中的一部分。

* * *

把这些基本的方法运用到日常生活一两个星期之后，再使用一些具体的策略缓解你的情绪炎症。当然，欢迎（并鼓励）选择和使用本书中推荐的一些或全部干预措施。不过，每个人拥有不同的反应模式，你希望优先选择的方法可能有所不同。

适用于焦虑型反应者的策略

如果你是一名焦虑型反应者（这意味着你的情绪炎症表现为焦虑、担忧或恐惧），你会希望用一些方法平复情绪，控制行为。那么，下面的建议对你有帮助：

- **减少兴奋剂的摄入。**减少摄入各种含咖啡因的食物（包括巧克力）。另外，增加有镇静效果的食物的摄入量，这些食物含有 γ–3 脂肪酸（亚麻籽、芝麻籽、核桃、鲑鱼、金枪鱼、比目鱼、凤尾鱼和沙丁鱼）和镁元素（坚果、种子、菠菜、香蕉、豆类和全谷类）。
- **有意识地放松身心。**留出时间，每天至少花 20 分钟练习渐进式肌肉放松或冥想，即使你并不觉得特别紧张或激动。坚持这样做，能在整体上给情绪炎症降温。

- **进行“媒体节食”**。选择你希望接收新闻的时间和方式——报纸、电视新闻和社交媒体，并遵守这些限制。这样你就不会整天被负面的、令人担忧的信息轰炸。

- **把折磨你的事情写下来**。不是大问题而是具体的小事。向你信任的人做出承诺，制订一个附带时间表的计划，一次解决一个问题。当你有意识地谈论它们时，就是在处理这些引发焦虑的问题，让它们从头脑中离开，从而让自己更能控制焦虑感。

适用于激动型反应者的策略

如果你是一名激动型反应者（这意味着你的情绪炎症表现为狂躁、反应过度），你会希望放慢速度，了解如何以最佳方式引导自己的精力和注意力。那么，下面的建议对你有帮助：

- **锻炼批判性思维能力**。在你决定是否采取行动之前，先对新闻或日常信息的有效性和真实性提出质疑。

- **有效管理时间**。把不必要的耗费时间的活动委托给其他人，或者把它们从你的日程中剔除。练习对不重要的请求说“不”，以节省宝贵的精力。

- **安排停机时间**。在日常生活中，一定要安排一个特定的时间，停止你正在做的事情。去阅读经典作品、看老电影、跟朋友们打牌或玩文字游戏，让自己从当下的生活中抽身而出。你也可以去上舞蹈课，或是重新拿起你以前喜欢演奏的乐器。

- **选择合适的颜色和气味。**你已经感觉到兴奋了，所以要试着降低你的反应性，在环境中使用宁静的蓝色或绿色，或者穿这类颜色的衣服。也可以在手腕的脉搏上涂抹一些舒缓精油（如香草或薰衣草）。

适用于怒火中烧型反应者的策略

如果你是一名怒火中烧型反应者（意味着你的情绪炎症主要表现为恼火，乃至愤怒和/或愤慨），那么，把怒火和愤慨转化为建设性的行动会让你受益。下面的建议对你会有帮助：

- **减少含兴奋剂的食品的摄入。**含咖啡因、可可碱和酒精的食物或饮品会令人兴奋。增加有镇静效果的食物的摄入量，这些食物含有γ-3脂肪酸（亚麻籽、芝麻籽、核桃、鲑鱼、金枪鱼、比目鱼、凤尾鱼和沙丁鱼）和镁元素（坚果、种子、菠菜、香蕉、豆类和全谷类）。
- **在头脑中假想遇到挫折的场景。**在经历一次深感恼火的事件后，想想你当时真正想说或想做的是什么，然后（在你的脑海里）想象你大骂了那个人一顿，或者用别的方式表达了你的愤怒。这样做可以帮助你释放一些压抑的沮丧情绪（或其他负面情绪），同时不会在现实世界造成负面后果。

• **与容易激怒你的人相处。**首先，找出容易激怒你的人，然后，思考如何更好地与这些人打交道，或者在与他们的交往中设置安全的界限。在想象可能激怒你的情景之前，花几分钟练习放松技巧（如深呼吸或冥想）。

• **让自己与水接触。**有条件的话，去游泳或在游泳池里散步（在浅水区），有韵律的活动能让你平静下来。也可以在河流、湖泊或池塘附近散步。如果没有亲水的环境，为家里或办公室买一个小喷泉，或者购买一个可以播放波浪之声的应用程序。

适用于逃避型反应者的策略

如果你是一个逃避型反应者（也就是说，你的情绪炎症表现为僵化、回避、退缩或麻木），那么，对你来说重要的是恢复情绪平衡，重新与周围的世界建立联系。因此，下面的建议会对你有帮助：

• **关掉头脑里的坏唱片。**当消极的想法在你的脑海中反复循环时，停止思考，用一项愉快的活动分散注意力，比如抚摸你的狗，听欢快的音乐。换言之，戒掉思维反刍的倾向，因为这只会让你感觉更糟。

• **想想生活中好的方面。**每天花点儿时间想想你感激什么人和事，为什么心生感激。停下来思考你所欣赏的事物，可以改善你的心情、看法和人际关系（尤其当你向他人表达感激之情时）。

• **为别人做点儿好事。**自愿帮助同事完成一个项目，给生病的亲友送一束鲜花或一顿饭。这样的亲社会行为可以帮助你摆脱自己的思维，增加积极情绪。

- **建立一个支持性社交网络。**在家里、工作场所或社区找到支持你、激励你、跟你有相似价值观的人，让他们帮助你抵制退缩的冲动。定期和他们相聚会帮助你获得一种亲密感。

* * *

选择一些适合你的混合症状的策略，制订一套个人行动方案，可以满足你独特的需要。当你的情绪炎症开始平息，请随时调整这些干预策略，让它们继续为你工作。不要被这些策略限制，把它们作为一个启动平台，尝试其他你觉得有吸引力或有共鸣的健康的、建设性的方法，花更多的时间与大自然相处，向志同道合的人寻求社会支持。当你成功改变了生活方式时，当你对你所关心的问题采取了行动时，当你成功减轻了情绪的不适时，祝贺自己达到了新的里程碑。这是属于你的恢复计划——运用它，校正它，掌握它，随着时间的推移，感谢它对你精神状态的影响。

正如你所见，情绪炎症并不一定是一种不健康的心理状态。你可以采取措施让它平静下来，驯服它，熄灭它所产生的火焰。采取行动恢复你的情绪平衡，这是你在这个混乱世界中能给予自己最好的治疗。把恢复计划当作一张金奖券，它能让你达到一个稳定的平静状态，让你全天候感觉良好，精力充沛，改善你的生活质量。你已经赢得了这张金奖券！

术语表

接受与承诺疗法（简称 ACT）：一种较新的心理治疗形式，使用接纳和正念策略帮助人们接受自己的感受并改变自身行为，同时增加人们的心理弹性。

述情障碍：一种亚临床状态，其特征是无法识别、确认和描述自己的情绪，难以区分情绪和身体感觉。

非稳态负荷：身体长期或反复曝露于过多压力激素下导致的后果。长期压力导致大脑和身体磨损，增加患慢性病的风险，加速衰老进程。

杏仁核：大脑中处理和调节情绪以及对事件反应的结构。杏仁核最著名的功能是处理恐惧情绪，向身体发送“战斗或逃跑”反应的信号。

预期性焦虑：当你想到未来可能发生的事件或出现的状况感受到的担心和恐惧。

注意力恢复理论（简称 ART）：密歇根大学心理学教授雷切尔·卡普兰和斯蒂芬·卡普兰提出的一个概念，认为人们在大自然中度过一段时间或欣赏自然景色之后可以更好地集中注意力。

亲近生命的本能（biophilia）：对有生命之物或与自然相关的事物的热爱。（“bio”的意思是“生命”，“philia”的意思是“爱”。）社会心理学家埃里克·弗罗姆最先提出这个词，生物学家爱德华·威尔逊在他的《亲近生命的本能》一书中对这个概念进行了普及，他在书中提出一个假设，认为人类亲自然的倾向是与生俱来的。

脑源性神经营养因子（简称 BDNF）：神经细胞内产生的一种蛋白质，对神经生长、存活和神经元可塑性起重要作用，对学习、记忆和其他认知功能至关重要。值得注意的是，运动后脑源性神经营养因子会增加。

旁观者效应：1964 年姬蒂·吉诺维斯在纽约遇害后，社会心理学家约翰·达利和比伯·拉坦埃普及了旁观者效应这一概念。它指的是在危机中一些人倾向于袖手旁观，而不是进行干预和采取行动的现象。

碳足迹：在人类活动中，直接或间接产生和释放的温室气体总量，包括二氧化碳。

昼夜节律：源自拉丁语单词“circa”和“diem”，意思分别是

“周而复始”和“白天”，这个24小时的内部循环调节着人体的睡眠-觉醒模式，以及其他许多功能。

认知行为疗法（简称CBT）：一种心理治疗方法，旨在帮助人们识别、改变不准确或无用的思维模式，并制定应对策略，帮助他们更有效地解决问题或应对困境。

认知失调：因两个或两个以上相互冲突的想法、信念或价值观而引发的不适感。

认知扭曲：一种夸张、扭曲或不准确的思维模式，通常是以消极或无益的方式，影响你对现实的感知。如果不加以控制，这些扭曲的思维模式会导致抑郁或焦虑。

皮质醇：皮质醇是主要的应激激素，是一种由肾上腺释放的类固醇激素，参与调节包括新陈代谢在内的全身各种生理过程。适量的皮质醇对维护你的整体健康和幸福感是必不可少的，但是过多的皮质醇会对你的身心造成伤害。

默认模式网络（简称DMN）：一组相互连接的大脑区域，当你从事一项需要投入注意力的任务时，它们就不那么活跃；而当你的大脑没有需要投入注意力的任务，处于无意识状态时，它们的活跃度会提高。

多巴胺：大脑中的一种神经递质，有助于执行多种功能，包括调节运动、注意力和情绪反应。多巴胺可以让大脑产生快乐的感觉，刺激我们追求奖励，因此多巴胺对激发行为动机有重要作用。

肠道菌群失调：描述机体内部微生物群（包括细菌），特别是肠道内微生物群种类和数量失衡的一个术语。

生态悲伤：人类对气候危机的一种普遍反应，对经历过或预期中的环境破坏或退化，包括对物种、生态系统以及重要自然景观的破坏深感悲痛。

情绪颗粒度：以精确、细致的方式感受和标记情绪的能力。这种能力带来更高的情绪幸福感，包括更好的情绪调节技能和更强的抗压能力。

心流：心理学家米哈里·契克森米哈赖创造的一个术语，指的是完全专注或沉浸于所做之事的最佳状态，在心流中会失去所有的时间感和空间感。

森林浴：20 世纪 80 年代在日本发展起来的一种方法，包括在森林中或树荫下缓慢行走，充分调动感官体验能力。森林浴有许多好处，如提高免疫功能，降低血压，改善情绪、注意力和精力，等等。

化石燃料：数百万年前动植物死亡后尸体被土壤、新生植物和其他物质和杂质覆盖，从而形成的一种能源。随着时间的推移，沉积和化学反应使这些“化石”变成了现在的形态——煤、石油和天然气。燃烧这些化石燃料会释放气体和其他污染物，使全球气温升高。

分形：具有大小不同、相对比例相同的重复形状的图案。当我们看到自然界中的分形时，我们的眼睛会把平静的信息传递给大脑，暗示环境是有序和可预测的，这会提高我们的平衡感和安全感。

功能性磁共振成像（简称 FMRI）：一种通过测量血液流量的变化来记录大脑活动的方法。当大脑的特定部分对刺激做出反应，执行任务或激活默认模式网络时，大脑的血流量增加，这时需要更多的氧气和葡萄糖。

胃饥饿素：通常被称为"饥饿激素"，因为它刺激食欲和食物摄入，饥饿激素主要由胃产生和释放，少量由小肠、胰腺和大脑释放。饥饿激素除了影响食物消耗和脂肪储存外，还能刺激生长激素的释放，对心血管系统有保护作用。

温室气体：温室气体吸收太阳光中的热能，同时阻止光线离开大气层，从而捕获大气层中的热量。这导致地球温度大大高于正常值，气候遭到破坏。

生长激素：由脑垂体分泌到血液中的一种小分子蛋白质，促进儿童生长，维持成人正常的身体结构和新陈代谢。充足的睡眠和有规律的运动会提高生长激素水平。

下丘脑：大脑中很小的一部分，在控制许多身体功能方面起着至关重要的作用，包括释放激素、维持体温、调节睡眠周期，以及参与其他保持体内稳态必不可少的生理过程。

瘦素：一种从脂肪细胞释放出来的激素，向大脑发送信号，帮助调节和改变食欲、食物摄入和能量消耗，目的是帮助身体保持体重。它通常被认为是一种发出饱腹感信号的重要激素。

褪黑素：松果体释放的一种激素，有助于调节睡眠-觉醒周期。在黑暗的环境中，褪黑素的分泌和释放会增加，使你感到困倦；而在光线充足时，褪黑素的分泌和释放会减少。

元情绪：你对自己的感觉或反应的感受。换言之，元情绪是一种次级情绪，是对主要情绪的反应。

代谢综合征：包括高血压、高血糖、腹部脂肪过多、胆固醇或甘油三酯水平异常在内的一系列症状，不同症状常同时发生，增加一个人患心脏病、中风和 2 型糖尿病的风险。如果同时至少出现三种症状，则认为此人患有代谢综合征。

微生物：微小的有机体，如细菌、病毒和真菌等，存在于水、土壤和空气中。有些可以使我们生病，另一些对人类健康有益。

微生物群：由数以万亿计的微生物组成的群落，包括细菌、病毒和真菌。它们生活在人体组织表面或内部，包括肠道、皮肤和其他区域。肠道微生物群在人体健康中起着至关重要的作用，影响免疫系统、大脑功能、情绪等。

正念冥想：一种冥想形式，专注于此时此地，专注于你的呼吸。当你的注意力分散时，它使你的注意力聚焦到呼吸上。研究表明，正念冥想可以减轻压力和焦虑，提高注意力和记忆力，促进自我调节和共情能力。

镜像神经元：一种特殊的神经元，无论是在自己做出特定动作或面部表情时，还是在看到他人做出同样的动作或面部表情时，镜像神经元都会被激活。因为镜像神经元能让我们捕捉或感受到别人的情绪，所以能影响人的共情能力。

空气负离子：空气中不可见的带电粒子，在自然界特别丰富，尤其是在森林、瀑布和海岸。吸收空气中的负离子可以减少抑郁和焦虑，改善情绪。

神经递质：乙酰胆碱、多巴胺、氨基丁酸和血清素等化学信使，在神经元（神经细胞）之间传递信息，对情绪、心理健康、睡眠和行为有重要影响。

夜空依恋：对夜空的强烈兴趣和心理依恋。拥有这种特质的人在晚上观看月亮和星星时，会进入一种心理上深深的忘我状态。

催产素：一种在下丘脑产生并由脑垂体分泌的激素。催产素通常被称为“爱的激素”，因为它在拥抱时会释放。催产素能促进亲密和信任，减少焦虑和抑郁症状，甚至能使反应强烈的杏仁核平静下来。

副交感神经系统：植物性神经系统的一部分，主要控制消化、呼吸和心率等自主生理过程，对恢复生理稳态和诱发放松反应非常重要。

植物杀菌素：一种空气中的芳香物质，由植物释放出来，以保护自己免受细菌、真菌和昆虫等害虫的侵害。现已证明，吸入植物杀菌素可以降低压力和血压，改善人体免疫功能。

松果体：大脑中的一个豌豆大小的腺体，产生褪黑素，参与调节睡眠–觉醒模式。

益生元：某些食物中不易消化的成分，食用后可促进肠道益生菌（益生菌）的生长，扁豆、鹰嘴豆、大蒜和苹果中富含益生元。

前额叶皮层：大脑的一部分，参与各种复杂功能，包括计划、注意、预测和冲动控制，促进人格发展。

启动效应：一种心理现象，在人受到一个刺激或压力源的影响后，往往会放大对随后的刺激或压力的反应，这种效应是在无意识中发生的。

益生菌：在某些食物中发现的有益菌或酵母菌，包括酸奶、开胃菜、泡菜、酸菜和味噌等，它们有助于增加肠道中“有益”细菌的数量。

思维反刍：反复思考或沉湎于负面事件的倾向，会导致焦虑、睡眠障碍和不健康行为的增加。

5–羟色胺：一种神经递质，在体内发挥多种功能，包括稳定情绪、促进幸福感、促进脑细胞和其他神经系统细胞之间的交流。它还有助于睡眠和消化。

社交时差：一个人的社会时间需求和生理时间需求的失调，也就是说，在某一特定时间，我们的生活方式需求和我们的身体需求之间的时间差距。

乡痛：由于看到或想象到气候变化或工业影响对自然世界造成

不可逆转的退化或损害而引起的精神痛苦。

交感神经系统：植物性神经系统的一部分，负责协调身体的战斗或逃跑反应，并帮助维持体内稳态。

禅定：一种冥想形式，包括默默重复一个咒语（通常是一个词或一个声音）来解放心灵，让修行者达到宁静的状态。人们发现，经常练习禅定，可以减轻压力、慢性疼痛和高血压，并改善身心健康。

色氨酸：存在于许多食物中的一种天然氨基酸，具有镇静作用，可以为睡眠做准备。

后记

如果认为世界可能突然面目一新，变得更安全、更健康、更和平，人与人之间有更多尊重，生活负担更小，人们得到更好的庇护，压力普遍变小，那就错了。如果改变真正发生，人们一定惊奇不已，但期待事态发生 180 度大转变实属痴心妄想。在这个动荡的世界里，你虽然无法改变风向和洋流，但可以调整船帆或提高自己的游泳能力，好让自己去到一个安全的港口或海岸。换言之，你不可能总是控制周围的危机和灾难，但你确实可以在某种程度上决定如何应对这些问题，以及做出什么样的情绪反应。

从这个意义上讲，身在这个混乱的世界，情绪炎症的爆发不可避免，但你有独特的优势疗愈自己。当你读完这本书，了解书中的相关知识和恢复计划，你就获得了应对现代生活的危机和挑战的工具。用这些工具武装自己，明智地运用它们，维护自己的情绪健康和能量，并让自己达到稳定的平静状态：继续明智地限制新闻接收渠道、夜间明亮的灯光和技术设备；保持一致的睡眠-觉醒时间表；定期运动，照顾好你的微生物群。用你在这本书中学到的技巧，继续努力控制自己的思想和紧张情绪。这些都是缓解情绪炎症和预防其发作的重要方法。

归根结底，缓解痛苦感受的关键是找到内外平衡，也就是，解开内心复杂的情绪网络，发现经常触发情绪的外力，并以建设性的方式处理它们，同时也要参与一些能带来目标感的有意义的活动，培养集体意识，并创造一个有可能点燃世界积极变化的火花。套用一句阿富汗谚语："滴水成河，粒米成箩。"这意味着你采取的每一个积极行动都很重要。即使看不到改善问题的直接成果，也要记住，面对特定问题，做正确的事会产生连锁反应。

有些人对行动起来创造有意义的改变犹豫不决，因为他们可能觉得，与这个世界的庞大问题相比，自身的行动可能显得微不足道。但我们的个人行为确实有影响力，因为一个人的能量和主动性可以引发他人的效仿；随着效仿者开始行动，又会唤醒并激励其他沉默的人表明立场或做出努力，让人类社会更加人道和公平，让自然界得到保护。一开始，我们的行动可能只是个人行动，但每个人的行动叠加在一起，积少成多，就可以成为一股强大的变革力量。你可以以身作则，尤其是你把自己看作一名变革的代言人时。

不过，请记住，不同的人有不同的应对方式。在尝试阶段，认识和接受这些多样性尤其重要，对他人应保持同理心，而不是去评判。以一种充满希望和同情心的方法应对当今世界的混乱和自身的处境，需要勇气和坚韧的品质。当我们有了一种集体意识和团结意识时，这些品质就更容易出现。文化、技术、政治、生态和个人领域都存在临界点，任何特定问题都存在这个关键点，在这个点上，可能向前进步，也可能向后退步。我们每个人都有促进变革发生的潜力。一旦越过临界点，走向积极方向，进展速度就会比我们想象得更快。我们能做的是启动车轮，事态将自动展开。

在前进的路途中，继续戴上你的“氧气面罩”，尤其是在你试图帮助或影响他人之前感觉到自己的情绪一触即发的时候。否则，你可能会耗尽自己的体力和精力，却无法有效帮助他人。人类有一种非凡的能力，能够从困难和逆境中复原，从中成长并汲取经验。你可以将这些来之不易的经验教训融入你的世界观、自我意识和生活方式中，让自己不仅能生存下来，还能真正蓬勃成长。你应该得到这一切。

致谢

斯泰茜在为《美国新闻与世界报道》撰写一篇关于预期性创伤的文章时，采访了我。我们如果当时没有相遇，就不可能写出这本书。我们发现，我们在很多方面都是志同道合的人，接着，我们便一直在讨论当下许多人都在经历的情绪炎症。这本书的主题源于一个非常有趣的过程：两个灵魂相遇了，而她们的感受相通，都希望为他人带来帮助。还有一些人也为这本书的完善提供了真知灼见，包括我们杰出的文学经纪人希瑟·杰克逊，他从第一天起就对这个主题充满热情，并帮助我们把这本书的内容呈现出来。希瑟，我们非常感谢你的支持和智慧，如果没有你，我们不可能写出这本书来。

我们也深深感激我们的天才编辑海文·艾弗森，他立即“领会”了“情绪炎症”这个主题，并给本书的主题和成书过程带来了温暖、明快和同理心。我们也要感谢 Sounds True 出版社的杰德·拉塞尔、莱斯利·布朗、吉尔·罗杰斯、克洛伊·普鲁西维茨、温迪·加德纳、马特·詹考斯卡斯、拉切尔·默里和莫林·福利斯，感谢他们为这本书的面世做的宝贵贡献。

当然，我们要还感谢我们的家人。感谢我的家人乔纳森、艾莉莎、德莱尼和皮埃拉；感谢斯泰茜的家人约翰、奈特、尼克。感谢他们在我们的写作过程中给予我们的支持。我们特别要大声对皮埃拉说，她不可思议的画作让我们找到了想要捕捉的感觉，成为这本书英文版的封面。

我们还要感谢许多人，他们分享了自身的情绪炎症经历，以及他们为了寻求解脱采用的方法。我们希望，在表达你的恐惧和焦虑的同时发现许多人与你有同样的感受，能让你得到些许的解脱。当你发现自己的感受有一个名字，你可以采取有效的行动恢复情绪平衡，改变忧虑加剧的根本原因。这是一种为自己赋能的体验，让本来觉得脆弱和受伤的你，变得强大和坚韧。写这本书，让我们发生了这样的改变。亲爱的读者，我们希望你能读到它。